用兵之計 × 欺敵戰術 × 歷史典故，
史上最狡猾最機智最會騙的人都在這了！

計策

不講武德，我們講

歐陽翰——著

歷史總是驚人的相似，現代的伎倆早在幾千年前就被古人用過了！
發現情況不妙假裝拉肚子撤退、一言不合就打群架鬥毆……各種小奸小惡！

應酬到一半尿遁術 × 廣告不實欺敵法 × 打不過就加入軟身骨

這些古人不只會爾虞我詐，也不是每天忙著打打殺殺，
他們能想到的計謀比八點檔演的還有創意！

目錄

一、軍事韜略

目錄

二、軍事典故

目錄

三、戰術策略

目錄

一、軍事韜略

弦高獻牛退秦軍

春秋時，秦將孟明視率領大軍準備偷襲鄭國，而鄭國對此毫無覺察。鄭國有一個商人，名叫弦高，善於隨機應變。他在販牛的路上正好遇到了浩浩蕩蕩的秦軍，知道情況非常嚴重，便急中生智，一邊派人飛馳回國報信，一邊把自己所帶的幾頭牛和千張牛皮獻給秦將孟明視，用警告的口氣說：「我們小小的鄭國夾在幾個大國之間，日夜懷著恐懼之心，不敢放心睡大覺。今日鄭國的國君聽說將軍前來，特奉一點薄禮，以示心意。」孟明視聽罷大吃一驚，認為鄭國早有防備，按原計劃偷襲不成了，便移師攻打滑地，後來在引兵回國途中，遭到晉國軍隊的伏擊，全軍覆滅。

在這裡，弦高因偶然的機會同前去偷襲鄭國的秦軍相遇，這時他假借鄭國國君之名，把自己所販的牛和牛皮獻給秦軍，暗示鄭國早有防備，使秦軍移師他處。弦高的本來目的是販牛，卻順勢以牛為禮物，替鄭國解了大圍。弦高順手所牽之「羊」實在不小，但終歸是順勢而成之事。

晏嬰智挫晉謀

齊國曾是春秋戰國時期第一個稱霸的國家，但是，齊桓公死後，齊國就逐漸衰敗了。過了一百年，齊景公當上了國君，為了恢復齊國的往昔繁盛，齊景公任用了晏嬰等一批賢臣，使齊國再度走上欣欣向榮的道路。

齊國的繁榮和強盛引起了稱霸中原的晉國的不安。晉平公為了向諸侯各國顯示一下自己「霸主」的威力和鞏固其地位，就想征伐齊國，給齊國一點厲害看看。為了探清楚齊國的虛實，晉平公派大夫范昭出使齊國。

范昭到了齊國，齊景公設盛大宴會款待晉國使者。酒到酣處，范昭對齊景公說：「請大王把酒杯借我用一下。」齊景公不知其意，便吩咐侍從：「把我的酒杯斟滿，為上國使者敬酒！」侍從倒滿酒恭恭敬敬地送到范昭面前，范昭端起酒杯，一飲而盡。

晏嬰把范昭的舉止和神色看在眼裡，大為憤怒，厲聲命令斟酒的侍從：「撤掉這個酒杯！給國君換一個乾淨的。」

范昭聞言，吃了一驚。於是，他乾脆佯作喝醉，站起身，手舞足蹈地跳起舞來，邊舞還邊對樂師說：「請給我奏一曲成周之樂，以助酒興！」

樂師從晏嬰命令侍從撤杯的舉動中看出了範昭的用意，站起來對範昭說：「下臣不會奏成周之樂。」

晉楚城濮之戰

春秋時期，晉國公子重耳逃亡在楚國時，楚王設宴款待他。酒過三巡，楚王乘酒興對重耳說：「有朝一日，公子返回晉國，將如何報答我？」

重耳想了想，回答道：「如果託大王洪福，我真的能夠回晉為君，我一定讓晉國與楚國友好相處。如果迫不得已，兩國不幸交戰，我一定下命令讓我國軍隊退避三舍（一舍合三十里）以報大王恩德。」

四年之後，重耳返回晉國，當了國君，史稱晉文公。晉文公勵精圖治，選賢任能，幾年後就使晉國強大起來。接著他又建立起三軍，命先軫、狐毛、狐偃等人分任三軍元帥，準備征戰，以稱霸中原。

晉國日益強大，南方的楚國也日益強盛。西元前六三三年，楚國聯合陳、蔡等四個小國向宋國發起攻擊。宋國向晉求援，晉文公親率三軍增援宋國。

楚軍統帥成得臣是個驕傲狂暴的人。晉文公深知成得臣的脾氣，決心先激怒他，然後消滅他。成得臣急於尋找戰機，晉文公就設計暫不與他交鋒。當初與楚王宴飲，晉文公許諾如與楚軍交戰，一定退避三舍。這一次，晉文公信守諾言，連退三舍（九十里），一直退到城濮這個地方才停下來。

其實，晉文公的後撤是早已計劃好的了，可以一舉三得：一是爭取道義上的支持；二是避開強敵的鋒芒，激怒成得臣；三是利用城濮的有利地形。

楚將鬥勃勸阻成得臣道：「晉文公以一國之君的身分退避我們，給了我們好大的面子，不如藉此回師，也可以向楚王交代。不然，戰鬥還未開始，我們已經輸了一場。」

成得臣說：「氣可鼓而不可泄。晉軍撤退，銳氣已失，正可乘勝追擊！」於是，揮師直追如故。

晉、楚雙方在城濮擺下戰場，晉國兵力遠不如楚國，因此，晉文公也有些擔心。狐偃道：「今日之戰，勢在必勝，勝則可以稱霸諸侯；不勝，退回國內，有黃河天險阻擋，楚國也奈何不了我們！」晉文公因此堅定了決戰和取勝的信心。

戰鬥開始後，晉軍下令佯作敗退，楚軍右軍揮師追趕，一陣吶喊聲中，胥臣率領戰車沖出。胥臣所率戰車駕車的馬上都披著虎皮，楚軍見了，驚惶地亂跑亂叫，胥臣乘機掩殺，楚右軍一敗塗地。

先軫見胥臣獲勝，一面命人騎馬拉著樹枝向北奔跑，晉楚城濮之戰一面派人扮成楚軍士兵向成得臣報告：右軍已經獲勝。成得臣遠望晉軍向北奔跑，又見煙塵滾滾，於是信以為真。

楚左軍統帥鬥宜申指揮楚軍沖入晉軍狐偃陣中，狐偃且戰且退，把鬥宜申引入埋伏圈，將楚軍全殲。先軫故伎重演，又派人向成得臣報告：左軍大勝，晉軍敗逃。

成得臣見左、右二軍獲勝，親率中軍殺入晉軍中軍之中。這時，先軫與胥臣、狐偃率晉軍上軍、下軍前來助戰，成得臣方知自己的左軍、右軍已經大敗。成得臣拚命突圍，又被晉將擋住去路，幸得晉文公及時發出命令，饒成得臣一死以報當年楚王厚待之恩，成得臣才得以逃回本國。

城濮之戰後，晉軍聲威大振，晉文公一躍成為春秋「五霸」之一。

曹劌避銳擊惰勝齊軍

西元前六八四年春天，齊桓公以鮑叔牙為大將，率大軍攻打魯國，一直打到魯國的長勺（今山東萊蕪東北）。儘管魯莊公早已有所準備，操練人馬，趕製武器，但魯是小國，力量有限，眼見齊軍已攻入國境，魯莊公深感自己兵力不足，他決心動員全國力量和齊國決一死戰。

魯國有個平民叫曹劌，聽說齊國已打了進來，非常焦慮，請求見魯莊公，談談自己的看法。透過交談，魯莊公知道他是個有才識的人，就讓他和自己同坐一輛戰車，來到長勺前線。

曹劌和魯莊公察看陣地，見魯軍所處的地理形勢十分有利，心裡很高興。恰在此時，齊軍擂起戰鼓，準備進攻。魯莊公也想擊鼓，曹劌勸阻了他。曹劌還建議魯莊公下令：「不許吶喊，不許出擊，緊守陣地，違令者斬！」

隨著震天的鼓聲，齊軍喊叫著猛衝過來，可是魯軍並未出戰，陣地穩固，無隙可乘，齊軍沒碰上對手，只好退了回去。

時隔不久，鮑叔牙再次擊鼓，催促士兵衝鋒，魯軍陣地還是沒有一個人出戰。

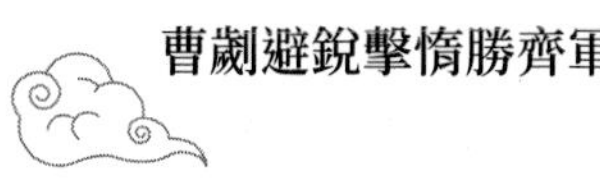

齊軍第三次擊響戰鼓，向魯軍陣地衝來，但將士們已經體力睏乏，信心不足了。

曹劌見齊軍第三次的戰鼓聲威力不足，衝鋒的隊伍也比較散亂，這才對魯莊公說：「主公，可以擊鼓進軍了！」

魯軍將士聽到自己的戰鼓聲，齊聲吶喊，殺向齊軍，齊軍抵擋不住，掉頭向後逃跑。

魯莊公想下令追擊，曹劌勸阻道：「讓我先下車看一下。」曹劌下車察看齊軍兵車碾過的車輪印跡後，又登上車前橫木眺望齊軍敗退的情況，然後對魯莊公說：「可以追擊了！」

魯莊公立即下令全軍追擊齊軍，一直把齊軍趕出魯國的國境。

戰鬥結束後，魯莊公向曹劌請教。曹劌說：「打仗，主要是靠勇氣。第一次擊鼓，將士們的勇氣最盛；第二次擊鼓，將士們的勇氣就衰退許多；到第三次擊鼓之時，勇氣就差不多喪失光了。齊軍三次擊鼓衝鋒，勇氣已盡，而我們此時才擊鼓進軍，勇氣旺盛，因此能打敗齊軍。不過，當敵軍潰逃時，要防備佯敗設伏，我看他們旗幟歪倒，車轍很亂，才知道他們是真敗了。」

晉軍山敗強秦

春秋時期，秦穆公不顧上大夫蹇叔和老臣百里奚的再三勸告，不遠千里去進攻晉國東面的鄭國。這一次東征，秦穆公派百里奚的兒子孟明視、蹇叔的兒子西乞術和白乙丙三人為將。出發前，蹇叔哭著告誡兒子：「我看著你們出發，再也看不到你們回來了。這次遠征，晉國人一定在崤山截殺你們。山有兩座山，那南邊的山是夏帝皋的墳墓；那北邊的山，是周文王避風雨的地方。你一定死在這中間，我到那裡收你的屍骨吧。」

孟明視率秦軍進入滑國地界向鄭國疾進，忽然有人攔住去路，說他是鄭國派來的使者，要見秦軍主將。孟明視大驚失色，連忙接見「使者」。「使者」說：「我叫弦高，我們的國君聽說三位將軍要到鄭國來，特派我送上四張熟牛皮和十二頭肥牛來犒賞貴軍將士。」說罷獻上熟牛皮和肥牛。

孟明視原來打算去偷襲鄭國，現在一聽鄭國已知道了他們來襲擊的消息，只好收下牛皮和肥牛，敷衍了弦高幾句，滅掉滑國，班師回國。

其實，弦高不過是個牛販子，他在滑國遇到孟明視，發現秦軍的企圖純屬偶然。弦高用計騙得孟明視相信後，連夜派人回鄭國報告消息去了。

晉國得知秦軍遠襲鄭國的消息，十分憤怒。如今見秦軍無功而返，果然不願意錯過消滅秦軍生力軍的機會，在東崤山、西㱡山之間和縠陵關裂谷兩側的高地設下埋伏，專等秦軍進入「口袋」。

西元六二七年四月十三日，疲憊不堪的秦軍從滑國返歸本國，抵達形險惡，山路崎嶇狹窄，特別是東、西間，人走都很吃力，車馬行進更是難上加難。西乞術望著險峻的山嶺，不安地對孟明視說：「臨出發時，父親再三警告我，過山要小心，說晉人肯定會在這裡設下埋伏，消滅我們。我們的隊伍拉得太長，再不收攏一些，就很危險了！」孟明視嘆道：「我何嘗不想這樣做？只是道路太窄，做不到啊！」

孟明視率領部隊小心地進入山谷。突然，金鼓齊鳴，一支強悍的異族部隊率先殺出——原來，這是晉國南部羌戎的兵馬，羌戎是晉國的附庸，一直聽從晉國的調遣。隨後，在晉襄公的親自指揮下，晉軍大將先軫率晉軍一擁而出，以排山倒海之勢將秦軍分割、包圍、消滅。孟明視、白乙丙、西乞術三人都成了晉軍的俘虜。

專諸刺殺吳王僚

春秋時期，吳王諸樊把君位讓給了弟弟余昧。余昧死後，余昧的兒子僚做了吳王。諸樊的兒子公子光認為天下本來就應該是自己的，現在卻被僚奪走了，心中十分怨恨，暗中積蓄力量，準備奪回國君的桂冠。

這時，楚國的大臣伍子胥因父親被害而逃到吳國，伍子胥想借助吳國的力量回楚國報殺父之仇，得知公子光的心事後，就把俠士專諸介紹給了公子光。

西元前五一五年春，吳王僚派軍隊與越國作戰，被越軍包圍，都城內十分空虛。公子光對專諸說：「現在是刺殺僚的最好時機！不然，軍隊回國後，事情就難辦了。」專諸也認為機不可失，時不再來，兩人精心謀劃了刺殺僚的計劃，然後請僚來府中飲酒。

吳王僚對公子光有所戒備，考慮到兄弟之間的關係又不好回絕，於是帶了眾多的衛士前來赴宴。僚的衛士從王宮一直延續到公子光的府邸，連公子光家的臺階前也站滿了手持刀槍的衛士，僚自認為萬無一失，可以放心地與公子光飲酒。

宴會開始後，公子光頻頻舉杯，美味佳餚，不停地端上來又撤下去。公子光與僚都吃得津津有味。漸漸地，吳王僚有了醉意。公子光見時機已到，找了個藉口離席出屋，

進入事先挖好的道地中，吩咐專諸立即行動。

專諸按照事先的安排，扮做一名僕人，端著一個大盤，盤內放著一條熱氣騰騰、香氣撲鼻的大魚，大步進入屋中。專諸將大魚放在吳王僚面前，乘吳王僚低頭看魚的時候，突然從魚腹中抽出一把鋒利的匕首刺入吳王僚的胸中。吳王僚的衛士急忙撲上前，舉劍向專諸刺去。這時，公子光潛伏在道地中的亡命之徒一擁而出。經過激戰，吳王僚的衛士全部被殲，專諸也被吳王的衛士刺殺。

公子光奪取了政權，當上了國君，這就是歷史上的吳王闔閭。

曹劌進兵待三鼓

西元前六八四年，齊國背棄了與魯國訂立的盟約，發兵侵犯弱小的魯國。

齊軍與魯軍在長勺遭遇。魯莊公御駕親征，旁邊坐著新請來的參謀曹劌。對面的齊軍已擺開陣勢，只等作戰的鼓聲擂響。

不一會兒，齊軍戰鼓齊鳴，殺聲連天，兵士如潮水般衝了過來。魯莊公也想下令擂鼓出擊，被曹劌制止了。曹劌對魯莊公說：「敵人銳氣正盛，只可以嚴陣以待，急躁不得。」

齊軍一陣衝鋒過來，卻如木板碰鐵桶一樣，衝不垮魯軍的隊列只得退下。不久，齊軍再次擂鼓衝鋒，魯軍仍自巋然不動，鐵桶似乎更堅固了。隨著一聲令下，齊軍的戰鼓又像雷一樣響起來。但是，這時的齊軍士兵雖然嘴裡叫喊著，心裡認為魯軍不敢出擊，鬥志無形中鬆懈下來。

曹劌聽到齊軍第三次鼓響，便對魯莊公說：「是出擊的時候了！」於是，待命的魯軍士兵像猛虎撲食一樣衝了出去。齊軍臨變而慌，被殺得七〇八散大敗而逃。

魯莊公見敵人逃卻，忙下令乘勝追擊。曹劌又加以制止：「別忙，等一會兒。」說完，他跳下車，看看地上的車轍馬跡，又站在車頂上向逃走的齊軍望了一陣，然後說：「放心追趕下去，殺它個片甲不留！」魯軍乘勝追擊，把齊軍趕回齊國，俘獲的戰利品堆積如山。

在慶功宴會上，魯莊公問曹劌：「為什麼要在敵人擊鼓三次後才出擊呢？」

曹劌答道：「凡打仗，全憑士兵的一股勇氣。當第一次擊鼓的時候，齊軍的士氣很旺盛，好比一群猛虎下山，千萬不可硬碰。第二次擊鼓時，齊軍的鬥志開始鬆懈。到第三次擊鼓時，齊軍的士氣低落，精神疲憊，戰鬥力驟減。而這時我軍初次鳴鼓進攻，策新羈之馬，攻疲乏之敵，自然就可以旗開得勝。」

魯莊公又問：「可是，當齊軍敗退時你為什麼阻止我下令追擊，待望過天、看過地之後才允許窮追不捨，這又是什麼道理呢？」

曹劌又說：「兵者，詭道也。齊軍詭計多端，如果敗走有詐，誘我追擊，就可能中了他們的埋伏。因此，我下車看看車轍馬跡，雜沓非常，證明是倉皇逃軍。遠遠望去，齊軍旗歪陣亂，說明他們確實打了敗仗。在這種情況下，我才敢大膽讓將士進軍。」

魯莊公聽罷曹劌這番話，大加讚賞，親自賜給曹劌一杯勝利酒。

陳軫說服秦惠王

戰國時，韓、魏兩國連年交戰不止。秦惠王想調解兩國的紛爭。他把自己的打算告訴了大臣們，大臣們有的贊同，有的反對，秦惠王也拿不定主意了。

此時，遊說謀士陳軫恰巧來到秦國，於是秦惠王向陳軫諮詢。陳軫想了一會兒，然後對秦惠王說：「大王聽沒聽說過卞莊子刺虎的故事？有一次，卞莊子和一個僮僕發現兩隻老虎正在爭相撕食一頭牛，卞莊子抽出寶劍想去刺虎。旁邊的僮僕阻止他說：『兩隻老虎正在吃牛，嘗出美味後一定會爭奪，爭奪時必然互相廝鬥。廝鬥的結果是力氣大的老虎受傷，力氣小的老虎死亡。到那時你再追趕受傷的那隻老虎，將它刺死。這樣，你就不費吹灰之力一舉擒獲兩隻老虎。現在，韓、魏兩國相互爭戰，不分勝負，長此下去，結局一定是強國受損，弱國失敗。爾後大王再出兵受損之國，這樣秦國就能像卞莊子那樣從爭鬥的兩方收取漁人之利。大王，您以為如何呢？」

秦惠王聽罷，連連稱妙。於是，秦國坐山觀虎鬥，靜觀形勢的變化。後來，韓國戰敗，魏國也元氣大傷。秦惠王立即出兵進攻魏國，輕而易舉地獲勝。

公子光刺殺吳王僚

吳國的公子光，早就想除掉吳王僚，由自己取而代之。但是，吳王僚有三個驍勇非常的兒子時刻在身邊，使公子光難以下手。

公子光為此事暗中著急。伍子胥看出了公子光的心思，打算幫助他，便獻計說：「目前胥國動亂不安。如果你向吳王僚建議，乘胥國發生危機的時候，向胥國發動進攻，吳王僚一定會同意。然後你藉口自己的腳被扭傷，推舉吳王的兒子掩余和燭庸帶兵前去。同時建議吳王派他的另一個兒子慶忌出使鄭國和衛國，目的是說服這兩個國家共同伐楚。這樣，就可以除去吳王僚的三個羽翼，剩下一個吳王僚就好對付了。」

吳王僚果然聽從了公子光的所有建議，把他的三個兒子都派了出去。公子光見時機已到，便派一個勇士刺死了吳王僚，自己做了吳王。吳王僚的三個兒子見國內發生變故，不敢再回來，只好亡命他國。

在這個故事裡，吳王僚的三個兒子如同三隻猛虎，使公子光無法刺殺吳王僚。公子光採用伍子胥的計謀，調走了這三隻猛虎，吳王僚成了孤家寡人，在這時對付吳王真可謂易如反掌。

趙括輕出長平關

戰國時，秦國出兵攻打趙國。趙國名將廉頗憑藉長平關易守難攻的險要地勢，屢次挫敗秦軍。

秦國把堅守長平關的廉頗視為眼中釘、肉中刺，精心策劃了反間計，使趙王對廉頗起了疑心，將廉頗撤換下來，派去了無實戰經驗、只會紙上談兵的趙括。

秦將白起為了引誘趙括離開長平關，故意打了幾個敗仗後退走。趙括求勝心切，輕易殺出長平關，出城追擊秦軍，結果進入了秦軍的埋伏圈。白起將趙括的四十萬大軍斷成兩段，分而制之。趙括只好就地築起營壘，等待援兵。其實援兵早被白起悉數全殲。趙括在營壘裡苦等了四十餘天，急得像熱鍋上的螞蟻。這時秦軍故意網開一面，引誘趙括強行突圍。結果趙括輕易離開營壘，再次進入秦軍的埋伏圈。這一次趙括回天無力，全軍覆沒。

在這裡，秦軍三次使用調虎離山之計。第一次用反問計調走了廉頗這隻虎，第二次調趙括離開易守難攻的長平關，第三次誘騙趙括離開臨時營壘。值得稱奇的是，秦軍使用調虎離山之計連連得手，趙括一而再、再而三地上了秦軍的圈套。

勾踐蒸粟還糧

越王勾踐回國後，臥薪嘗膽，圖謀滅吳。他帶頭參加農業生產，實行輕徭薄稅的政策，老百姓吃穿不愁，家家積蓄餘糧。但是，為了麻痺吳國，勾踐向吳國借了一萬石糧食，說越國遇到了災荒。

借的糧食第二年要歸還吳國。越王勾踐徵求大臣文種的意見，說：「如果不還糧食，吳國可能會藉口討伐我們；如果歸還糧食，就會有利於吳國而不利於越國，怎麼才能兩全其美呢？」文種獻計道：「我看糧食還是要還的。但我們在其中可以做手腳。從糧食中精選出一部分，蒸熟了還給吳國，這樣就有好戲看了。」

吳國人見越國還回的糧食粒大飽滿（其實已被蒸過了），愛不釋手，於是第二年春天把它們當做良種播種到地裡。結果可想而知，種子沒有發芽，秋天顆粒無收，吳國發生大饑荒，國力大大削弱。

國以民為本，民以食為天。勾踐還蒸熟之糧，使吳國中計發生饑荒，真可謂釜底抽薪，削弱了吳國的實力，從而為他最終滅亡吳國提供了有利條件。

田豫濃煙欺敵

田豫奉魏文帝之命前去鎮撫代郡的鮮卑人。當時，鮮卑人分裂出數十部互相攻伐。田豫恐鮮卑人兵合一處，便率軍深入遠地，征討鮮卑人兵力最強的一支。進兵之後，因寡不敵眾，田豫軍不久便沒有了歸路，情況萬分危急。

田豫在距敵不遠處安營紮寨，並且命令士兵多拾柴草及牛馬糞便，聚集點燃。一時間濃煙四起，直上空中。鮮卑人見田豫軍煙火不絕，以為久駐該地，不以為意。但是，等鮮卑人悄悄摸到田豫的營地，發現只有柴草和牛馬糞便在燃燒，大隊人馬已不知去向。

原來，田豫在撤退時使用了金蟬脫殼之計。他在點燃柴草和牛馬糞便後便率軍急走。等鮮卑人發現真實情況時，他的大軍已走出幾十里了。

晉獻公假道滅虢

西元前六五九年夏天，晉國興兵攻伐虢國。伐虢必須經過虞國，如果虞國不讓晉國的軍隊過境，晉國就束手無策。大臣荀息對晉獻公說：「虞國的國君虞公是個鼠目寸光的小人，見錢眼開，大王只要把我們的國寶送給虞公，他一定肯答應借我們一條路，讓我們通過虞國。」

荀息說的「國寶」是指晉國馬廄中原產於屈地的千里馬和國庫中原產於垂棘的璧。晉獻公最珍愛這兩件奇物，對荀息說：「這可是我最喜歡的寶物啊！再說，虞國有宮之奇這樣的賢臣在，他們怎麼會蠢到借路給我們這種地步呢？」

荀息道：「我們把千里馬和璧送給虞公，不過是把千里馬從這個馬廄牽到那個馬廄中，把璧從這個倉庫放到那個倉庫中，這些馬廄和倉庫早晚都是您的啊！宮之奇這個人足智多謀，但他不敢犯上強諫，虞公絕不會聽從他的勸告。」

晉獻公接受了荀息的建議，派人把千里馬和璧送給虞公，虞公果然不聽從宮之奇的勸告，借路給晉國。晉軍經虞國到達虢國，攻占了虢國的都城，虢國遷都到上陽（今河南三門峽市東南），拚力死戰，晉軍知難而退，回到晉國。

西元前六五五年，晉國聚集精兵良將，再次向虞國借路攻伐虢國。宮之奇勸說虞公道：「虢虞兩國相互依存，虢國滅亡了，虞國也就日薄西山了。所謂『輔車相依，脣亡齒寒』說的正是虢虞兩國今天的形勢。試想，車都不存在了，輔（車輪中連接車轂和輪圈的一條條直棍）還能有嗎？嘴脣沒有了，牙齒就會覺得寒冷。請大王三思而行。」

虞公道：「晉國和我是同宗（同為姬姓），絕不會害我！」再次拒絕宮之奇的勸告，借路給了晉國。

宮之奇回到家中，對眾人說：「晉國此次出兵，勢在滅虢，回國途中，一定不會放過我們虞國，大家逃命去吧！」於是，帶領族人，逃離了虞國。

這一年八月，晉軍大兵經虞國進入虢國，迅速攻克虢國的上陽，滅亡了虢國。凱旋途中，晉軍趁虞公毫無防備之機，一舉滅亡了虞國，虞公成了晉軍的俘虜，千里馬和美璧也都重新回到晉獻公手中。

孫武演陣斬姬

西元前五一二年，吳王闔閭決心對楚國開戰，但苦於沒有運籌帷幄、攻城拔寨的大將。謀臣伍子胥七次向吳王推薦齊國人孫武，並把孫武所著兵法十三篇呈予吳王，吳王為孫武高妙的戰爭見解和橫溢的軍事才華所折服，終於下令在宮中接見孫武。

孫武本是陳國公子陳完的後裔。陳完因國內動亂逃到齊國，其五世孫、孫武的祖父陳書在攻打莒國的戰爭中立下戰功，齊景公賜姓孫。孫武出身在這樣一個軍旅世家中，從小受到軍事思想的薰陶。齊國是大軍事家姜子牙的封地，又是大軍事家管仲活動的場所，蘊藏著極其豐富的軍事遺產，孫武潛心研究軍事，大有所獲。

西元前五三二年，齊國發生「四姓之亂」，孫武與家人離開齊國，來到南方新興的吳國，在都城姑蘇（今蘇州）附近隱居，與吳王闔閭的謀臣伍子胥結為知己，同時，嘔心瀝血，寫成了兵法十三篇。

孫武來到吳王宮中。吳王對孫武說：「先生的兵法十三篇驚世駭俗，可是吳國是一個小國，兵微將寡，如果跟楚國這樣的大國作戰能有幾分勝算？」孫武回答道：「兵在精而不在多；將在謀而不在勇，我的兵法十三篇不僅可以運用於行軍作戰，還能動員婦人女子，驅而使之。」吳王大笑，說：「我的宮中就有女子數百人，我要親眼看看先生如何『驅而使之』？」吳王下令從後宮挑選一百八十名宮女，交由孫武調遣。

孫武將一百八十名宮女分為左、右兩隊，各執兵器，又請求吳王派他最寵愛的兩名愛姬分別擔任左、右兩隊的隊長，向她們宣布了軍法：一不許交談喧譁；二不許擅自行動；三不許混亂隊伍。又命軍法官設下鐵鉞（古代軍法用以殺人的斧子），然後對眾宮女說：「一擊鼓，握好兵器；二擊鼓，左隊向右轉，右隊向左轉；三擊鼓，相互擊鬥；鑼聲響，收兵！」

號令一出，宮女們嘻嘻哈哈，笑作一團。

孫武嚴肅地說：「約束不明，申令不清，這是為將的過錯。可再申前令，解釋清楚。」孫武再次申令軍法及操練的要求，然後傳令擊鼓。然而宮女們還是笑得東倒西歪。孫武舉起令旗，第三次申明前令，命令擊鼓。宮女們仍然不聽調遣，大笑不止。

孫武忽然眼睛一瞪，吼道：「軍法官！」「在！」「軍士不聽，該當何罪？」「斬！」孫武說：「軍士不能盡斬。這是左、右隊長的罪過！」於是下令：「將左、右隊長，斬！」

吳王急忙派人去為兩位愛姬求情，孫武說：「將帥在軍中，君王的命令可以不聽。」終於斬了吳王的兩個愛姬。孫武重新演練宮女，進退左右，整整齊齊，規規矩矩。

孫武治軍，主張執行鐵的紀律。這一年，孫武被吳王拜為將軍。司馬遷在《史記》中記載了孫武的事業和功績：「西破強楚，入郢，北威齊晉，顯名諸侯，孫子與有力焉。」

孫武助吳破強楚

西元前五一二年，吳王拜孫武為將軍，向孫武請教攻打楚國的妙計。孫武說：「大王要遠征楚國，時機尚不成熟。楚國地大物博、兵多將廣，而我們吳國是一個小國，人口少，物力也不夠富足，要想打敗楚國，還需要幾年的準備。」

孫武的好友伍子胥是吳王的謀臣，他在同意孫武的意見時，提出了一個「疲楚」的建議：把吳國的軍隊分為三軍，每次用一軍去襲擾楚國的邊境，一軍返回，另一軍則出發，這樣自己的軍隊可以得到充分的休整，而楚國的軍隊疲於奔命，勞苦不堪。孫武採納了伍子胥的建議。

西元前五一一年，孫武派出一隻軍隊襲擊楚國的六城和灊城（均在今安徽境內），楚國急忙調兵增援。可是當楚軍趕到灊城時，吳兵已攻破了六城；當楚軍趕到六城時，吳兵已退回國內。過了一些日子，吳兵又攻擊楚國的弦（今河南境內），楚國慌忙調兵奔走數百里救援弦，但是，援軍還沒有趕到弦，吳兵已撤退回國了。連續幾年，楚國士卒疲於奔命，消耗了大量實力。

西元前五〇八年，吳王採用孫武「伐交」（透過外交手段取勝）之計，成功地離間了楚國與其從屬國桐國的關係，使桐國背叛了楚國。楚王大怒，派令尹囊瓦率兵討伐桐國，孫武乘楚軍不備，在豫州（今河南、安徽之間）大敗楚軍，又攻克巢（今安徽巢縣東北）活捉楚大夫公子繁。

西元前五〇六年，楚國攻打蔡國，蔡國聯合唐國向吳國求救。闔閭認為這是一個出兵攻楚的大好時機，問孫武：「以前你說楚都郢不可進攻，現在究竟如何？」孫武答道：「用兵打仗一定要抓住戰機，現在我們已經建立了一支經過嚴格訓練的、戰鬥意志旺盛的軍隊，又有唐、蔡兩國相助，而楚國卻兵困馬乏，可以一戰。」又說：「用兵之理，貴在神速，乘敵人措手不及的時候，走敵人意想不到的道路，攻擊敵人不加戒備的地方。」

孫武率帥精兵三萬乘船溯淮水而上，然後棄船上岸，一口氣奔走了三百餘里，突然出現在楚軍面前，三戰三捷。接著，又在柏舉（今湖北麻城北）、雍筮（今湖北京山縣西南）大敗楚軍，僅用了十幾天就攻入了楚國都城郢，楚昭王跑得快了一步，才沒有被吳軍俘虜。

劉向在《新序》中寫道：「孫武以三萬破楚二十萬。」《尉繚子‧制談》云：「有提三萬之眾，而天下莫當者誰？（孫）武子也。」

王翦大破楚軍

戰國末期，秦國日益強大，於西元前二三〇年滅了韓國。之後又滅了趙國、魏國、燕國。秦國乘勝進攻南方的楚國，不想出師不利，戰事受挫。

秦始皇後悔當初沒有聽老將軍王翦破楚的計策，為挽回敗局，只好請解甲歸田的王翦再次出山。於是，秦始皇親自來到王翦的家鄉潁陽，言辭懇切地對王翦說：「望將軍莫記寡人之過，帶兵征楚。即使將軍怪罪寡人，也應以國事為重。」

王翦受秦始皇之所請，率六十萬大軍浩浩蕩蕩向楚國進發。楚王得知後，聚集全國之兵，由楚將項燕統帥，在中山擺陣迎戰。

王翦大軍到達中山後並未急於攻楚，而是開溝、壘寨、築城，只作防禦準備。楚軍一再挑釁，王翦堅壁不肯應戰。王翦讓士兵吃飽喝足，並讓他們做一些體力遊戲，如跳高、投石之類。

項燕求戰心切，不時命楚軍前去挑戰，搞得人人疲憊、士氣消沉。項燕誤以為秦軍只是在那裡駐防而已，漸漸放鬆了警惕。就在楚軍毫無準備的情況下，王翦大軍突然發起猛攻。經過一個多月的養精蓄銳，秦軍士兵個個如猛虎下山，楚軍哪裡抵擋得住，被

殺得落花流水，死傷不計其數。王翦追擊楚軍到蘄南，殺死項燕，楚國從此一蹶不振。

第二年，秦軍俘獲楚王，楚國滅亡，楚地歸入秦國版圖。

趙襄子水淹智伯

晉國是戰國初期的大國，但掌握國家大權的卻不是晉王，而是智伯、趙襄子、魏桓子和韓康子四個人。智、趙、魏、韓四家統治晉國，其中智伯的勢力最大，但智伯並不滿足，時刻想滅亡趙、魏、韓，獨霸晉國。

西元前四五五年，智伯以晉王的名義要求趙、魏、韓三家各拿出一百里土地和戶口送歸公家，表面上是為公，實際上是為了削弱趙、魏、韓三家的力量。魏桓子和韓康子懼怕智伯，只好忍痛交出土地和戶口，趙襄子一口回絕道：「土地是祖先傳下來的，我不能隨便送給別人！」

智伯聞報大怒，召集魏桓子和韓康子來到自己府中，對他們說：「趙襄子竟敢違抗國君的命令，不可不伐。滅掉趙襄子，我們三家平分趙襄子的土地、戶口。」

魏桓子和韓康子不敢不聽從智伯的話，又見可以分得一份好處，便各自率領一隊人馬隨智伯去進攻趙襄子。趙襄子情知不敵智、魏、韓三家聯營，急忙退到先主趙簡子的封地晉陽（今山西太原市西南），依靠堅固的城牆、豐足的糧食和百姓的擁戴，以守為攻。

智伯指揮智、魏、韓三家人馬把晉陽城圍得水洩不通，趙襄子率城內百姓同仇敵愾，激烈的戰鬥一直打了兩年多，智伯仍在晉陽城外，趙襄子仍在晉陽城頭，雙方難以決出勝負。智伯勞民傷財，又恐日久人心生變，千方百計想要盡快結束這場戰爭。一天，智伯望見晉水遠道而來，繞晉城而去，立刻有了主意。他命令士兵們在晉水上游築起一個巨大的蓄水池，再挖一條河通向晉陽城，又在自己部隊的營地外築起一道攔水壩，以防水淹晉陽城時也淹了自己的人馬。蓄水池築好後，雨季到來。智伯待蓄水池蓄滿水後，命人挖開堤壩，洶湧的大水即沿著河道撲向晉陽城，將晉陽全城泡在水中。但是，全城軍民爬上房頂和登上僅剩六尺未淹的城牆上堅持守護，寧死也不投降。智伯得意忘形，大笑道：「我今天才知道水可以用來滅亡別人的國家！」

趙襄子對家臣張孟談說：「情況已十分危急了，我看魏、韓兩家並非真心幫助智伯，我們今天滅亡了，明天就會輪到他們，你去找魏桓子和韓康子吧！」

張孟談連夜出城找到魏桓子和韓康子，對他們說：「智伯今天用晉水灌晉陽，明天就會用汾水灌安邑（魏都）、用絳水灌平陽（韓都），我們為什麼不聯合起來消滅智伯，平分智伯的土地呢！」

魏桓子和韓康子正在擔心自己會落得與趙襄子一樣的下場，於是和張孟談定下除掉

智伯的計策。兩天後的晚上，趙襄子與魏桓子、韓康子共同行動，殺掉守堤的士兵，挖開護營的堤壩，咆哮的晉水頓時湧入智伯的營中。智伯從夢中驚醒，慌忙涉水逃命，但前有趙襄子，左有魏桓子，右有韓康子，智伯被殺死，智伯的軍隊也全部葬身大水之中。

智伯滅亡後，晉國的大權旁落在趙、魏、韓三家之中，這就是後來的趙國、魏國和韓國。

孫臏伐魏救韓

西元前三四一年，魏惠王出兵攻打韓國，韓國急忙向齊國求救。齊王早就有討伐魏國之心，立刻召集群臣商議救韓之計。

相國鄒忌說：「勞師救韓，得不償失，萬一失敗，更加不利。不如不救。」

大將田忌說：「如不救韓，韓國歸降魏國，對我們齊國有百害而無一益，應該馬上出兵相救！」

軍師孫臏對鄒、田的意見都不贊成。他說：「魏國攻韓，我們不能不救，但出兵過早，這等於我們代替韓國去跟魏打仗，實在是下策。我們應等到魏、韓兩國都打得疲憊不堪時再出兵，這時定能大獲全勝。」

齊王採納了孫臏的策略，親自召見韓國使者，與韓國使者暢談齊、韓的友好，然後告訴使者，齊國決定派兵援助韓國。

韓國使者回國覆命。韓王得到齊王的許諾，信心大增，命令三軍拚死抵抗，給了魏軍以極大殺傷。齊王看時機成熟，便命令田忌為大將，孫臏為軍師，率兵救援韓國。

田忌採用了孫臏的「圍魏救趙」之計，與孫臏一起，統率大軍，直取魏國都城大梁。魏王害怕了，連忙命令進攻韓國的魏軍班師回國，隨後又任命太子申為將軍，任命龐涓為大將，率十萬精兵與齊軍決戰。孫臏對田忌說：「魏兵悍勇，交戰之時，我軍可佯裝敗退，引敵冒進，然後因勢利導，消滅魏軍。」說罷，講出一條妙計。田忌大喜。按照孫臏的計策，第一天撤軍，田忌令兵士挖了供十萬人做飯的軍灶；第二天撤軍，只挖了供五萬人做飯的軍灶；第三天撤軍，軍灶的數量減少到僅供兩萬人用。

魏軍統帥龐涓見齊軍軍灶的數量急遽減少，不由喜形於色，驕傲地對部下說：「我早就知道齊軍怯懦，才進入我境內三天，他們的兵士就跑了大半了。」他嫌步兵行動遲緩，就丟下他們，只帶領輕車精騎。一路猛追，沿途又見齊軍丟下一些輜重，龐涓認為齊軍已經混亂，竟一直深入齊國境地。

龐涓率軍追到馬陵（今河北省大名縣東南），天色已晚。這裡地形險要，道路狹窄。龐涓突然發現路邊一棵大樹被刮去樹皮，寫著字，一時又看不清楚，就讓兵士點燃火把照看。火光下，「龐涓死此樹下」六個大字，分外醒目。龐涓還沒看完上面的字，早已埋伏在那裡的齊軍萬箭齊發，魏軍頓時大亂。龐涓領兵拚命廝殺，想沖開一條血路，無奈齊軍重重包圍，地形又十分險要，衝不出去。慘敗之下，龐涓又羞又憤，揮劍自刎。齊軍乘勝追擊，俘虜太子申，十萬魏軍全軍覆滅。從此，魏國一天天走向滅亡。

齊國既救了韓國，又打敗了不可一世的魏國，一箭雙鵰。

勾踐滅亡吳國

吳王夫差打敗了越國，越王勾踐聽從謀臣范蠡的意見，向吳王表示：只要保存越國，自己情願到吳國做人質，侍奉吳王夫差。夫差有心同意，但遭到大臣伍子胥的反對。伍子胥說：「今天上天把越國送給我們，不消滅越國，將來必定要後悔！」吳國的太宰伯嚭得到了范蠡送去的大批金銀珠寶，站出來為越國說好話：「勾踐還有五千精兵，如果逼得太凶，他燒燬寶物，拚死一戰，我們就什麼也得不到了。勾踐到了我國，死生在我們手中，怕他什麼！」夫差認為伯嚭言之有理，就答應了勾踐的請求。

勾踐帶著自己的妻子和范蠡到吳國侍奉吳王夫差，由於盡心盡力，唯唯諾諾，夫差竟不顧伍子胥的堅決反對，把勾踐夫婦放歸回國。

勾踐回到越國，念念不忘報仇雪恥。他把一個苦膽吊在座席邊，使自己無論坐著，還是躺著都能看到它，每次吃飯喝水的時候，勾踐都要嘗嘗苦膽的滋味。勾踐親自耕種，勾踐的妻子也動手紡紗織布。經過十年的奮發圖治，越國從戰敗的陰影中掙脫出來，國力漸漸強盛。

與越國的振興恰恰相反，吳國被勝利沖昏了頭腦，一年年東征西討，為爭奪中原霸主的地位而耗盡了國力、財力。

為了試探吳王夫差對越國的態度，勾踐藉口發生災荒，向吳國借糧，夫差連想都沒想，一口答應了。伍子胥勸道：「大王總是不聽我的勸告，三年後吳國都城將要成為一片廢墟了！」夫差對伍子胥處處與自己作對大為不滿。伯嚭乘機對夫差說：「伍子胥貌似忠厚，實際上是一個很殘忍的人，他連父兄的生死都不顧，怎能真心關心大王您呢？聽說，他與外人勾勾搭搭，大王可要防備！」不久，伍子胥出使齊國，他感到吳國早晚要被越國滅亡，就把兒子留在齊國，托鮑氏照看。夫差得知後，勃然大怒，道：「伍子胥果然在騙我！」於是，派人送給伍子胥一把劍，讓他自殺。伍子胥在自殺前仰天大笑道：「我死後，請把我的眼睛挖出來放在吳國都城的東門上，讓它看著越兵進城吧！」

勾踐借到糧食，又知道伍子胥已死去，而吳王夫差對自己一點也不戒備，於是，一面加緊練兵備戰，一面不停地把美女、珍寶和建築宮殿用的巨木送給吳國，麻痺吳王夫差。夫差整日與美女們泡在一起，又大興土木建築規模宏偉的姑蘇臺。姑蘇臺先後用了八年的時間才建成，將吳國的儲備消耗殆盡。

西元前四八一年十一月，在經過了二十二年的勵精圖治之後，兵強馬壯的勾踐一舉攻破吳國，在姑蘇山包圍了夫差。勾踐派人對夫差說：「我可以把您安置在甬東，讓您

到那裡去當一個百戶人家的頭領。」夫差想起伍子胥當年的話，懊悔無窮，用衣服遮住自己的臉說：「我沒有臉面去見伍子胥！」說罷，拔劍自殺了。

越王勾踐滅亡了吳國後，與齊、晉等國在徐州會盟，各國諸侯都向勾踐祝賀，勾踐成為揚威一時的霸主。

陳平巧計突圍

西元前兩百年，漢高祖劉邦率領大軍與匈奴交戰。劉邦求勝心切，帶領小股騎兵追擊匈奴人，不料中了敵人的埋伏，被困在白登山。這時，漢軍的後續部隊已被匈奴人阻擋在各要路口，無法前去解圍，形勢萬分危急。

到了第四天，被困漢軍的糧草越來越少，劉邦君臣急得就像熱鍋上的螞蟻，坐立不安。謀士陳平靈機一動，從匈奴單于的夫人閼氏身上想出了一條計策。

在得到劉邦允許之後，陳平派一名使者帶著一批珍寶和一幅畫祕密會見了閼氏。使者對閼氏說：「這些珍寶是大漢皇帝送給您的。大漢皇帝欲與匈奴和好，特送上這些珍寶，請您務必收下，望您在單于面前美言幾句。」使者又獻上一幅美女圖，說道：「大漢皇帝怕單于不答應講和的要求，準備把中原的頭號美人獻給他。這是她的畫像，請您先過目。」

閼氏接過來一看，真是一個貌似天仙的美女：眉似初春柳葉，臉如三月桃花；玉纖纖蔥枝手，一捻捻楊柳腰；滿頭珠翠，引得蜂狂蝶浪；雙目含情，令人魂飛魄舞。閼氏心想：如果丈夫得到了她，還有心思寵愛自己嗎？於是，閼氏說：「珍寶留下吧，美女

就用不著了，我請單于退兵就是了。」

閼氏打發走了漢軍使者後，立即去見單于，她說：「聽說漢朝的援軍就要到了，到那時我們就被動了。不如現在接受漢朝皇帝的講和要求，乘機向他們多索要一些財物。」單于經反覆考慮，覺得夫人的話很有道理。

雙方的代表經過多次談判，終於達成了協議。單于得到物質上的滿足後，放走了劉邦君臣。陳平因這次謀劃有功，後來被劉邦封為曲逆侯。

陳平利用閼氏的爭寵心理，虛獻美女，從而達到了講和的目的。陳平的美人計妙就妙在根本沒有美女，但同樣收到了良好的效果。

漢高祖未戰先算取英布

漢高祖劉邦在平息了梁王彭越的叛亂和殺死韓信後不久，曾為漢朝天下的建立作出重大貢獻的淮南王英布興兵反漢。劉邦向文武大臣詢問對策，汝陽侯夏侯嬰向劉邦推薦了自己的門客薛公。

漢高祖問薛公：「英布曾是項羽手下大將，能征慣戰，我想親率大軍去平叛，你看勝敗會如何？」

薛公答道：「陛下必勝無疑。」

漢高祖道：「何以見得？」

薛公道：「英布興兵反叛後，料到陛下肯定會去征討他，當然不會坐以待斃，所以有三種情況可供他選擇。」

漢高祖道：「先生請講。」

薛公道：「第一種情況，英布東取吳，西取楚，北並齊魯，將燕趙納入自己的勢力範圍，然後固守自己的封地以待陛下。這樣，陛下也奈何不了他，這是上策。」

漢高祖急忙問：「第二種情況會怎麼樣？」

「東取吳，西取楚，奪取韓、魏，保住廒倉的糧食，以重兵守衛成皋，斷絕入關之路。如果是這樣，誰勝誰負，只有天知道。」薛公侃侃而談，「這是第二種情況，乃為中策。」

漢高祖說：「先生的意思是：英布絕不會用此二策，那麼，下策該是怎樣？」

薛公不慌不忙地說：「東取吳，西取下蔡，將重兵置於淮南。我料英布必用此策——陛下長驅直入，定能大獲全勝。」

漢高祖面現悅色，道：「先生如何知道英布必用此下策呢？」

薛公道：「英布本是驪山的一個刑徒，雖有萬夫不擋之勇，但目光短淺，只知道為一時的利害謀劃，所以我料到必出此下策！」

漢高祖連連讚道：「好！好！英布的為人朕也並非不知，先生的話可謂是一語中的！朕封你為千戶侯！」

「謝陛下。」薛公慌忙跪下，謝恩。

漢高祖封薛公為千戶侯，又賞賜給薛公許多財物，然後於這一年（西元前一九六）的十月親率十二萬大軍征討英布。

果然，英布在叛漢之後，首先興兵擊敗受封於吳地的荊王劉賈，又打敗了楚王劉

交，然後把軍隊布防在淮南一帶。

漢高祖戎馬一生，南征北戰，也深諳用兵之道。雙方的軍隊在蘄西（今安徽宿縣境內）相遇後，漢高祖見英布的軍隊氣勢很盛，於是採取了堅守不戰的策略，待英布的軍隊疲憊之後，金鼓齊鳴，揮師急進，殺得英布落荒而逃。

英布逃到江南後，被長沙王吳芮的兒子設計殺死，英布的叛亂以失敗而告終。

劉邦雲夢擒韓信

劉邦打敗項羽，建立西漢政權後不久，又傳來楚王韓信謀反的消息。劉邦大吃一驚，急忙召來幾員心腹大將，商討對策。幾員虎將異口同聲：「立刻發兵，征討那個小子！」

劉邦猶豫再三，拿不定主意，只好向謀士陳平請教。陳平問劉邦：「告發韓信謀反的事，有別人知道嗎？」

劉邦道：「只有幾員武將知道。」說罷，將幾員大將的意見告訴給陳平。

陳平又問：「韓信知道有人告發他謀反嗎？」

劉邦道：「不知道。」

「如果是這樣，那就好辦了。」陳平說，「陛下的兵力與韓信相比如何？」

劉邦坦言道：「我比不過他。」

「那麼，陛下指揮打仗的才能與韓信相比又如何？」

「我不如他。」

陳平道：「既然兵力不及韓信，指揮作戰也不及韓信，冒險舉兵征討，豈不是以卵擊石？」

劉邦焦躁地說：「但是，總不能束手無策，等著韓信造反啊！」

陳平道：「陛下不必著急，臣有一計令韓信防不勝防，陛下只需用一名力士即可將韓信擒來。」說完，輕輕向劉邦道出一條妙計，劉邦連連稱妙。

古時候，天子有離開京城，巡視各地，會盟諸侯的作法。陳平之計，就是讓劉邦效仿古代天子，離開京城，巡遊南方的雲夢湖。雲夢湖附近的陳地是韓信所居住的彭城的西界，陳平讓劉邦在陳地大會諸侯王，到那時，韓信出於禮節，不可能不去陳地迎候劉邦，劉邦就可乘機捉獲韓信。

劉邦按照陳平的計策，巡視天下，在陳地大會諸侯。韓信對劉邦本來有所戒備，但見劉邦帶兵不多，又是巡視天下與諸侯王聚會，自己不去，反而會引起劉邦的警惕，於是到陳地迎候劉邦。劉邦乘韓信跪拜之際，命令一位力大無比的勇士將韓信打翻在地，捆綁起來，韓信這才後悔莫及。

劉邦將韓信帶回都城洛陽，念及韓信的功勞，將韓信降為淮陰侯，饒了韓信一命。但是，韓信後來又與陳稀相勾結，被劉邦的妻子呂后殺掉了。

韓信背水列陣滅趙國

西元前二〇四年，漢王劉邦派大將韓信率數萬人馬攻打趙國。趙王歇和趙軍統帥陳餘率二十萬兵馬集結在井陘口（今河北井陘山上的井陘關），準備迎擊韓信。

井陘口地勢險要，是韓信攻趙的必經之路。趙國謀士李左車向陳餘獻計道：「漢軍一路上勢如破竹、士氣高漲，但他們長途跋涉，必定糧草不足。井陘這個地方，車馬很難行走，漢軍走不上一百里路，糧草必然落在後面。我願意率三萬兵馬從小路截斷他的糧草，你再深挖溝、高築壘，堅守營寨，不與他們交戰。這樣，漢軍前不能戰，後不能退，不出十天，我們就能活捉韓信。」

陳餘是個書呆子，他認為自己兵力比韓信多十倍，打韓信猶如以石擊卵，因而沒有採納李左車的建議。韓信探知陳餘不用李左車的計策，又驚又喜。他率兵進入井陘狹道，在離井陘口三十里處下寨。到了半夜，韓信命令兩千精兵每人帶一面紅旗，迂迴到趙軍大營的側後方，授以密計，埋伏下來；又派一萬人馬作先頭部隊，背著綿蔓水（流經井陘口東南）擺開陣勢。陳餘見韓信沿河布陣，放聲大笑，對部下說：「韓信徒有虛名，背水作戰，不留退路，這是自己找死！」

天亮以後，韓信命部下高擎漢軍大將旗號，率漢軍主力殺向井陘口。陳餘立刻命令出營迎戰，雙方廝殺多時，韓信佯作敗退，命令士兵拋下旗鼓，向河岸陣地退去。趙軍不知是計，認為活捉韓信的時機已到，爭先恐後跑出大營，追殺韓信。

這時，埋伏在趙營後面的漢軍乘虛而入，將營內的少許守敵殺光，拔掉趙軍旗子，換上了漢軍的紅旗。

韓信率漢軍退到背靠河水的陣地後，再無路可退，於是掉轉頭來，迎戰趙軍。漢軍被置於死地，人人背水拚命死戰，以求死裡逃生。趙軍的攻勢很快就被遏止住，即而又由進攻轉為後撤。但是，趙軍將士立刻發現自己的大營已插滿了漢軍的紅旗，頓時軍心大亂，鬥志全無。韓信指揮漢軍前後夾攻，趙軍兵敗如山倒，二十萬大軍頃刻間灰飛煙滅。陳餘被殺，趙王歇也成了漢軍的俘虜。

韓信一書降燕國

秦朝滅亡後，劉邦和項羽為爭奪天下展開了殊死決戰。劉邦為牽制項羽，命令韓信從側翼迂迴。韓信能征善戰，僅用四個月的時間就滅除了魏國、代國，越過太行山，逼近趙國。

趙王歇和趙軍統帥陳餘率領二十萬兵馬集結在井陘口。謀士李左車向陳餘獻計道：「韓信乘勝而來，銳不可擋，但他們長途跋涉，必定糧草不足。我們井陘這個地方山路狹窄，車馬難行，漢軍走不上一百里路，糧草必然落在後面。我們派三萬精兵從小路截斷他們的糧草，再深挖溝、高築壘，堅守營寨，不與他們交戰，用不了十天，我們就可以活捉韓信。」

陳餘笑道：「兵書上說：兵力比敵人大十倍，就可以包圍他，韓信不過兩三萬人馬，我們怕他做什麼？」一口回絕了李左車的建議。

韓信得知陳餘不用李左車的建議，暗暗歡喜。他以背水為陣和疑兵之計一舉擊潰趙軍，殺死陳餘，活捉了趙王歇，然後出千金重賞，捉拿李左車。

幾天後，李左車被緝拿歸案。眾將士以為韓信必殺李左車無疑，但韓信一見李左

車，立即上前親自為他鬆綁，並請李左車坐在上座，自己坐在下手，儼然是弟子對待師傅。

李左車道：「敗軍之將，不敢言勇；亡國之大夫，不可圖存。我是將軍的俘虜，將軍何以這樣對待一個俘虜呢？」

韓信道：「從前，百里奚住在虞國，虞國被消滅了，秦國重用了他，從此才強大起來。今天您就好比是百里奚，如果陳餘採用了你的策略，我早已是您的俘虜了。正因為陳餘不聽您的建議，我才能有今天的勝利。我是誠心向您請教，請您不要推辭。」

李左車見韓信真心敬重自己，這才開口說道：將軍連克魏、代、趙三國，雖然取得不小的勝利，但將士們已十分疲勞，再要去攻伐燕國，倘若燕國憑險而守，將軍恐怕要感到力不從心。」

韓信問：「先生認為該如何是好呢？」

李左車道：「將軍一日之內擊敗趙國二十萬大軍，威名遠颺。燕國不會不知道的。將軍挾此餘威，一面安撫將士和趙國百姓，一面派一使者去燕國，曉以利害，則可不戰而使燕國屈服。」

韓信大喜，連聲讚嘆：「先生高明之極，就這樣辦！」

韓信當即修書一封，在信中闡明了漢軍的得天獨厚優勢，分析了燕國的處境及戰與降的利害，又派了一名能言善辯的使者把信送往燕國，同時，又按照李左車的建議把軍隊調到燕國邊境線上，擺出一副咄咄逼人的進攻架勢。

燕國君臣早已得知趙國滅亡的消息，今見韓信大軍壓境，無不惶恐。燕王看了韓信的書信後，立即表示同意歸降。

韓信只憑一紙書信，未費一兵一卒，就順利地拿下了燕國。

周亞夫逸兵平叛賊

西元前一五四年，漢景帝命周亞夫率軍迎擊以吳王劉濞為首的叛軍。周亞夫深知自己兵力寡弱，與叛軍硬拚難以取勝，於是決定聚兵河防，長期堅守，待敵銳氣衰落時再作打算。

此時，叛軍正在猛攻梁國，梁國危在旦夕，梁王數次請周亞夫救援，都被周亞夫拒絕了。梁王惱羞成怒，上書漢景帝。漢景帝礙於親兄弟的情分，下旨令周亞夫速發兵解救梁國之圍。

漢景帝的使者向周亞夫高聲宣讀了這道聖旨，然而周亞夫只是將聖旨接下，毫無發兵的意圖。使者大怒，斥責周亞夫抗旨不遵。周亞夫從容地說：「陛下命我率軍抗敵，給予我指揮權，而軍隊的具體布置要由戰場的實際情況決定。將在外，君命有所不受。梁國雖然危急，但尚有五萬守軍，糧草充足，堅守十日不成問題。我大軍遠道而來，軍力疲乏，且叛軍強大，不宜決戰，因此要先行休整，伺機出擊，絕對不能輕舉妄動。」使者見周亞夫死不出兵，只好回去覆命。

周亞夫拒絕救梁的消息傳到叛軍將領的耳朵裡，他們認為周亞夫怕死怯戰，根本不

把周亞夫放在眼裡，放心大膽地猛攻梁國。

在叛軍疏於防範的情況下，周亞夫調動一股精兵切斷了叛軍的糧道。叛軍失去了糧草，自知不能長久堅持，於是放棄梁國，掉回頭來，擺開陣勢，要與周亞夫決一死戰。

周亞夫知道叛軍糧草匱乏，急於作困獸之鬥，所以堅持不與交鋒，避不出戰。叛軍遠道而來，疲憊不堪，加上周亞夫經常派輕騎兵夜間偷襲，戰鬥力日衰。周亞夫故意製造防禦鬆懈的假象，引誘叛軍主動進攻。當叛軍進入中軍大營時，被周亞夫早已布下的弓箭手逮個正著。刹那間萬箭齊發，殺聲四起，叛軍陷入重圍之中。經一夜激戰，叛軍遭到毀滅性的重創，楚王劉濞見大勢已去，只好拔劍自刎。

周亞夫大破七國兵

漢景帝即位不久，吳王劉濞勾結早已蓄謀造反的六個諸侯王，統率二十萬大軍，勢如破竹地殺向京城。漢景帝任命中尉周亞夫為前軍統帥，火速趕往前線，擋住劉濞。

周亞夫情知戰事危險，只帶了少數親兵，駕著快馬輕車，匆匆向洛陽趕去。行至灞上，周亞夫得到密報：劉濞收買了許多亡命之徒，在自京城至洛陽的崤澠之間設下埋伏，準備襲擊朝廷派往前線的大將。周亞夫果斷避開崤澠險地，繞道平安到達洛陽，進兵睢陽，占領了睢陽以北的昌邑城，深挖溝，高築牆，斷絕了劉濞北進的道路。隨後，又攻占淮泗口，斷絕了劉濞的糧道。

劉濞的的軍隊在北進受阻之後，掉頭傾全力攻打睢陽城，但睢陽城十分堅固；而且城內有足夠的糧食和武器。守將劉武因為得到了周亞夫的配合，率漢軍拚死守城，劉濞在睢陽城下碰得頭破血流後，又轉而去攻打昌邑，以求一逞。

周亞夫為了消耗劉濞的銳氣，堅守壁壘，拒絕出戰，劉濞無可奈何。漸漸地，劉濞因糧道被斷，糧食日見緊張，軍心也開始動搖。劉濞害怕了，他調集全部精銳，孤注一擲，向周亞夫堅守的壁壘發起了大規模的強攻，戰鬥異常激烈。

劉濞在強攻中採取了聲東擊西的策略，他表面上是以大批部隊進攻漢軍壁壘的東南角，實際上將最精銳的軍隊埋伏下來準備攻擊壁壘的西北角。但是，周亞夫棋高一著，識破了劉濞的計策，當堅守東南角的漢軍連連告急請派援兵時，周亞夫不但不增兵東南角，反而把自己的主力調到西北角。果然，劉濞在金鼓齊鳴之中，突然一擺令旗，傾其精銳，以排山倒海之勢向壁壘西北角發起猛攻，而且一次比一次更猛烈。

激戰從白天一直打到夜晚，劉濞的軍隊在壁壘前損失慘重，將勇氣和信心喪失殆盡，加之糧食已經吃光，只好準備撤退。周亞夫哪肯放過這一大好時機，他命令部隊發起全面進攻，只一仗就把劉濞打得落花流水。劉濞見大勢已去，帶著兒子和幾千親兵逃往江南，不久就被東越國王設計殺死。周亞夫乘勝進兵，把其餘六國打得一敗塗地。楚王、膠西王、膠東王、淄川王、濟南王和越王先後自殺身亡，一場驚天動地的「七國之亂」就這樣被平息了。

周亞夫在國家處於生死存亡的關鍵時刻，以其大智大勇，力挽狂瀾，保住了漢朝的江山。

項羽破釜沉舟敗章邯

秦朝末年，秦二世胡亥派大將章邯統率大軍擊敗了陳勝、吳廣的起義軍，然後又北渡黃河，進攻趙國，將趙王歇包圍在鉅鹿（今河北平鄉西南）。趙王歇慌忙向楚國求救，楚懷王派宋義為上將軍、項羽為次將、范增為末將，統率大軍援救趙國。

宋義知道章邯是員驍勇善戰的老將，不敢與章邯交戰。援軍到達安陽（今河南安陽西南）後，宋義按兵不動，一住就是四十六天。項羽對宋義說：「救兵如救火，我們再不出兵，趙國就要被章邯滅掉了！」宋義根本不把項羽放在眼裡，對項羽說：「衝鋒陷陣，我不如你；運籌帷幄，你就不如我了。」並且傳下命令：「如有人輕舉妄動，不服從命令，一律斬首！」項羽忍無可忍，拔劍斬殺宋義，自己代理上將軍，並命令黥布和蒲將軍率兩萬人馬渡過漳河援救趙國。

黥布和蒲將軍成功地截斷了秦軍糧道，但卻無力解趙王歇鉅鹿之圍，趙王歇再次派人向項羽求救。項羽親率全軍渡過漳河，到達北岸後，項羽突然下令：將渡船全部鑿沉，將飯鍋全部打碎，將營房全部燒掉，每個人只帶三天的乾糧。將士們懼怕項羽的威嚴，誰也不敢多問。項羽對將士們說：「我們此次進軍，只能前進，不能後退，後退就

是死路一條！」將士們眼見一點退路也沒有，人人抱著死戰到底的決心與秦軍拚殺。結果，項羽率楚軍以一當十，九戰九捷，章邯的部將蘇甬被殺、王離被俘、涉間自焚而亡，章邯狼狽逃走，鉅鹿之圍遂解。

鉅鹿之戰打出了楚軍的威風。從此以後，項羽一步步登上了權力的最高峰，成為名揚天下的「西楚霸王」。

周亞夫治軍嚴明

周亞夫是西漢開國大將周勃的兒子，他統率的軍隊素以軍紀嚴明而聞名。

西元前一五八年，漢文帝劉恆分別到京都長安以南的霸上、以北的棘門、西北的細柳去犒勞保衛都城的將士。漢文帝先到了霸上，駐守霸上的將軍劉禮聽說皇上來了，大開營門，讓漢文帝的人馬直馳而入；漢文帝犒賞完畢，劉禮又命令全營將士列隊相送。漢文帝隨後又趕到棘門，棘門守將徐厲也跟劉禮一樣，誠惶誠恐，列隊迎送。漢文帝離開棘門，在文臣武將的簇擁之下，又浩浩蕩蕩地向周亞夫駐守的細柳軍營走去。

細柳軍營的將士遠遠望見塵土飛揚，來了一隊人馬，立即緊閉營門，彎弓搭箭，做好了戰鬥準備。為漢文帝開路的使者騎馬跑到營門前，見營門緊閉，刀槍如林，急得放聲大喊：「皇上馬上駕到，你們還不打開營門，迎接皇上！」把守營門的將官回話道：「我們將軍有令，軍營中只服從將軍的命令，不服從皇上的詔令。」任漢文帝的使者如何勸、逼，守營將官就是不開營門。

不久，漢文帝和他的護駕隨從趕到了營門前，請求開門入營，守門將官仍不開門，還是一句話：「軍營中只服從將軍的命令。」

漢文帝派一名使者拿著符節要去見周亞夫，請求入營，守門將官這才開門讓使者進營。使者見到周亞夫，向周亞夫說明皇上要入營犒賞將士，周亞夫傳令打開營門，讓皇上進入軍營。守門將官打開營門，向漢文帝及其護駕人員鄭重宣布：「將軍有令，軍營中不許騎馬，不許喧譁！」

漢文帝跳下來，拉著馬韁慢慢地向周亞夫所在的軍營走去。周亞夫和幾名將軍身披鎧甲，頭戴鐵盔，在軍營中迎接漢文帝。周亞夫向漢文帝躬身行了一禮，道：「披甲戴盔的軍人不能行跪拜禮，請讓我用軍禮見陛下。」

漢文帝犒賞完細柳軍營，與眾隨從靜靜地走出軍營大門，眾人這才長長地舒了一口氣。漢文帝慨嘆道：「這才是真正的將軍啊！在霸上和棘門，那裡簡直是在兒戲，如果敵人發起偷襲怎麼辦？至於周亞夫，誰能進犯他的軍營呢？」

漢文帝回京都後，將周亞夫提升為中尉，專門負責京城和皇宮的保安工作。在臨終之前，又囑咐皇太子（後來的漢景帝）：「將來如發生什麼緊急變故，周亞夫是可以真正擔負軍隊統帥的人。」

漢文帝死後，諸侯王吳王劉濞帶領其他六個諸侯王造反，漢景帝任命周亞夫為太尉，率兵平叛。周亞夫不負景帝重託，力挽狂瀾，一舉平定「七國之亂」，為鞏固漢朝江山立下汗馬功勞。

曹操乘亂除二袁

袁紹在官渡慘敗之後，憂鬱而死。這雖然對袁氏家族是一個深重的打擊，但袁紹的兒子和女婿仍握有重兵。

西元二〇三年，曹操打算採用各個擊破的辦法，一舉消滅袁氏的殘餘勢力。當曹操首先進攻占據黎陽的袁紹長子袁譚時，袁譚在抵擋不住的情況下火速向袁紹幼子袁尚求助。由於二袁合兵，加上鄴城城堅難攻，相持數日，仍無結果。曹操無奈，轉而南征荊州的劉表。袁氏兩兄弟見曹操撤兵而去，便開始了爭奪繼承權的內訌，並大打出手。袁譚兵敗，逃到平原，被袁尚團團圍住，攻打甚緊，袁譚只好向曹操求援。

曹操意欲答應，謀臣荀攸持有異議。他勸曹操說：「天下正值多事之秋，而劉表據有江漢之間，竟無四處張兵之意，可知其人胸無大志，不足憂慮。而袁氏兄弟兵甲十萬，占地千里，如果他們和睦相處，共守成業，冀州便無法相謀。現在袁譚、袁尚兄弟交惡，勢不兩立。如果一方取勝，則兵力統一於一人。如待那時，再欲征伐便困難重重了。所以，我們應趁其內亂而取之，良機不可喪失。」

於是，曹操採用荀攸「趁火打劫」之計，興兵至黎陽，先與袁譚聯姻以穩其心，然

後進攻袁尚。到次年八月，終於掃清了袁尚的勢力。第三年春，曹操又以「負約背盟」為名，消滅了袁譚，遂全有冀州。袁氏幾代經營的領地，一旦轉於曹操之手。荀攸因其卓越的謀略，被曹操封為陵樹亭侯。

曹操智解白馬之圍

西元二〇〇年，袁紹兼併幽州後聲威日振，便決心消滅自己的勁敵曹操。這年二月，袁紹派大將顏良渡過黃河，以突然襲擊的方式包圍了曹操部將劉延鎮守的白馬城。曹操聞訊，十分焦急，準備親率大軍前去救援。

曹操手下的謀士荀攸進諫說：「敵眾我寡，如果硬拚，就如同以卵擊石。不如先派一支人馬西去，裝作在延津一帶渡河，把袁紹的主力吸引過去，然後派出輕騎兵突然回救白馬，則可取勝也。」曹操採納了荀攸的建議。

袁紹見曹操的大隊人馬直奔延津，果然派出主力進行堵截。曹操見袁紹中計，便率騎兵急赴白馬。顏良沒料到曹操會來這一手，驚慌失措，匆忙迎戰。曹操讓關羽對付顏良，關羽策馬如飛，直逼顏良而來，手起刀落，斬顏良於萬馬軍中。袁軍見沒有將領，頓時亂成一團，不戰自潰，白馬之圍遂解。

曹操平定馬韓之亂

西元二一一年，馬超、韓遂舉兵反叛曹操，殺奔關中重鎮潼關。七月，曹操領兵前來平叛。

曹操屯兵潼關附近後，做出一副強攻的架勢，暗地裡派大將徐晃、朱靈趁夜偷渡蒲阪津，在西河紮起營寨。然後，曹操引兵渡河北上，占據渭口，並多設疑兵，把兵力偷偷運過河集結於渭地。在表面上，曹操令士兵挖掘甬道，設置鹿砦，做出防守的樣子。馬超多次挑戰未能成功，又不敢輕易發動進攻，不得不請求割地講和。曹操聽從賈詡之言，假裝同意了馬超的求和條件。

這時，韓遂求見曹操。韓遂與曹操本是同年孝廉，又曾於京中一起供職。韓遂此行的目的是遊說曹操退兵，但曹操與他只言當年舊事，撫手歡笑。馬超得知後，對韓遂起了疑心。幾天後，曹操送給韓遂一封多處塗改的書信，令馬超疑心更大了。

就在馬超處處防備韓遂時，曹操突然對馬超發動大規模進攻，先是輕兵挑戰，然後以重兵前後夾擊，終於大敗馬超、韓遂。

戰爭勝利後，有人向曹操詢問作戰意圖。曹操說：「敵人把守潼關，我若進入河東

之地，敵人必然引軍把守各個渡口，那樣的話我們就無法渡過西河。因此，我先把重兵彙集在潼關，吸引敵人全部兵力來守，這樣敵人在西河的守備就空虛，徐晃、朱靈得以輕易渡河。我在率軍北渡時，因徐晃、朱靈已占據有利地形，敵人便不敢與我爭西河了。過河之後挖掘甬道，設置鹿砦，堅守不出，不過是假裝示弱，以驕敵人之兵。待敵人求和時，我假意許之，使敵人不做防備。而我軍一旦發動進攻，敵人便丟盔卸甲，無力抵抗了。用兵講究變化，不能死守一道。」

從曹操的這段故事裡可知，在平定馬、韓之亂中，曹操用了暗度陳倉、反間計、調虎離山、欲擒故縱等計策。可見，曹操是一位運用連環計的高手。

曹操神速破烏桓

袁紹兵敗官渡，嘔血死去。他的兩個兒子袁熙、袁尚投奔了烏桓的蹋頓單于，準備東山再起。曹操為鞏固北部邊疆，消滅蹋頓和二袁，於西元二〇七年親自遠征烏桓，但是，由於人馬多，糧草輜重多，行軍速度大打折扣，走了一個多月才到達曹操神速破烏桓易城（今河北雄縣西北）。

謀士郭嘉對曹操說：「兵貴神速。只有迅速接近敵人，深入敵境，打敵人一個措手不及，才能取勝。像我們這樣慢騰騰地往前走，敵人以逸待勞，又早早地做好了準備，怎麼能輕易地打敗敵人呢？」

曹操接受了郭嘉的意見，親率幾千精兵，日夜兼程，在崎嶇的山路中行軍五百多里，突然出現在距蹋頓的老窩柳城僅一百里的白狼山，與蹋頓的幾萬名騎兵遭遇。

蹋頓的騎兵沒有料到會在自家門口與敵人遭遇，顯得茫然失措；曹操等人見敵我如此懸殊，知道只能拚死一戰，或許還有活路。因此人人拚死戰鬥，無不以一當十。戰鬥空前殘酷，曹操的幾千人馬死傷大半，但蹋頓及其部下將領死的死、傷的傷，群龍無首，終於被曹操打敗。

袁熙、袁尚聽到蹋頓陣亡的消息，帶領隨從逃出烏桓，投奔了遼東太守公孫康，不久便被公孫康設計殺死。曹操北部邊疆從此安定下來。

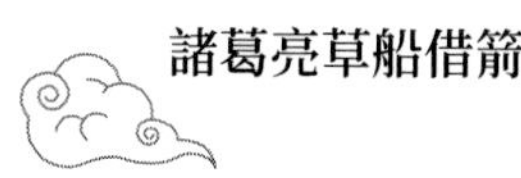

諸葛亮草船借箭

周瑜是東吳孫權手下的大將，足智多謀，但心胸狹窄。他十分忌妒諸葛亮的才華，認為諸葛亮輔佐劉備，不久將成為東吳大患，因而起了殺心。周瑜以孫劉兩家合力抗曹的名義，督促諸葛亮在三日之內造十萬枝箭。在他看來，此事絕難完成，到那時候可藉此殺了諸葛亮。沒想到諸葛亮滿口答應，並與周瑜立下了軍令狀。

魯肅仁厚善良，他不忍看周瑜圖害諸葛亮，便前去拜見諸葛亮。諸葛亮說：「我只希望你借我二十艘船，每船要三十個人，扎一千個草人擺在船的兩邊，如此這般，你就可救我一命了。」魯肅不解其意，但為了挽救諸葛亮的性命，便爽快地答應下來。

魯肅依諸葛亮的要求送去船、人和草人。但諸葛亮那邊毫無動靜，似乎忘記了造箭之事。直到第三天的半夜，才見諸葛亮派人來請魯肅，魯肅見了面問：「你要我來有何用意？」諸葛亮說：「特意請你來和我一起取箭去。」魯肅更加迷惑不解，心想：三天未見你打出一枝箭，現在卻突然說要去取箭，能到哪裡取呢？只聽諸葛亮對他說：「你不要問了，跟我來便是了。」隨後諸葛亮下令把二十條船用長索連好，然後上船直往長江北岸開去。此時天降大霧，長江之上霧氣瀰漫，能見度極低。魯肅不安地說：「我們勢單力薄，曹兵一起殺出來怎麼辦？」諸葛亮回答：「霧這麼大，曹操肯定不敢派兵出來。我們只顧飲酒好了。」

再說曹操見為數不多的船乘霧駛來，料定後面必有埋伏，命令士兵不可輕舉妄動，只教弓箭手開弓放箭。箭到東吳的船上，皆射入草人身中。待到日出霧散時，只見二十隻船已插滿了箭，每船約有五千多枝，總數十萬有餘。諸葛亮下令收船速回，又讓船上士兵高聲吶喊：「謝曹丞相送箭。」

船到南岸，諸葛亮對魯肅說：「周瑜叫我造出十萬枝箭，卻不準備好工匠和材料，其用意很明顯是藉故殺我。我算定今夜有大霧，故驅草船向曹操借箭。周瑜算計我尚應仔細籌劃才是。」魯肅這才恍然大悟，讚嘆諸葛亮的智謀高妙。周瑜得知後，感慨地說：「諸葛亮神機妙算，我實在不如他啊！」

諸葛亮草船借箭所使用的就是混水摸魚之計。江面大霧猶如「混水」，誆來的十萬枝箭相當於「魚」。這條「魚」使諸葛亮保住了性命，安全地離開東吳。

諸葛亮氣死周瑜

三國時，荊州刺史劉琦病故，劉備被眾人推舉為牧守，占據了荊州諸郡。為了離間孫、劉兩家的關係，曹操表奏漢獻帝封周瑜為總領南郡的太守。這個總領南郡太守不過是個虛職，因為荊州至今還被劉備占著。周瑜果然中了曹操的奸計，命魯肅去見劉備索回荊州。

劉備聽說魯肅來索要荊州，很是慌張。諸葛亮對劉備說：「主公不必憂慮，我自有良策。到時候魯肅一提荊州之事，您就大哭，然後我與他周旋。」

魯肅到來後果然開口便索要荊州，劉備聽罷放聲大哭。這一哭，反而把魯肅弄糊塗了。諸葛亮在旁開了腔：「當初我主向吳侯借荊州時，答應取得西川便還。但仔細一想，益州劉璋是我主之弟，乃同胞骨肉，若興兵取他的城池，恐被外人唾罵；如果不取，歸還荊州，又何處安身？假如不還荊州，於吳侯的面上又不好看。我主進退兩難，所以大哭。」魯肅本是個寬仁的長者，見劉備如此哀痛，便答應了諸葛亮提出的延期歸還荊州的請求。

周瑜聽完魯肅的匯報，便大發雷霆。周瑜一計不成，又生一計，他要魯肅再去荊州。

魯肅依照周瑜的吩咐對劉備說：「吳侯十分同情您的處境，與眾將商量後決定起兵替您取西川。取了西川，再換回荊州，這樣西川只當是東吳給您的一份嫁妝。軍馬過路時，希望提供些糧草，別無他求。」

劉備有些猶豫不決，諸葛亮在一旁連忙點頭說：「難得吳侯的一片好心！雄師來到後，一定遠接犒勞。」魯肅聽後，暗自高興。等魯肅走後，劉備向諸葛亮詢問東吳的真正用意。諸葛亮答道：「此乃周瑜小兒的『假道伐虢』之計。名為收西川，實則取荊州。不過，周瑜騙得了別人，騙不了我。周瑜此次前來，我叫他死無葬身之地！」

周瑜起兵五萬人，浩浩蕩蕩開向荊州。來到荊州城下，周瑜本以為劉備等會打開城門，簞食壺漿迎接他，然後他乘機掩殺過去。沒想到一聲梆子響過後，城上無數士兵一齊豎起刀槍，嚴陣以待。吳軍背後也殺聲四起，皆言要活捉周瑜。周瑜知道上了諸葛亮的當，怒氣填胸，箭瘡復發，墜於馬下，倒地而亡。

長期以來，孫、劉兩家為爭荊州鬧得不可開交，因此周瑜一心想重占荊州，可謂路人皆知。在這種情況下，周瑜聲稱借道荊州取西川，很難不引起諸葛亮的懷疑。假道伐虢固然是妙計，可一旦被人識破就會帶來災難。

諸葛亮撫琴退魏兵

三國時，諸葛亮屯兵陽平。不久諸葛亮派大將魏延率大軍東下，自己只留一萬人守陽平城。這時，魏兵統帥司馬懿率二十萬大軍逼近了陽平城。諸葛亮知道想叫魏延回軍已來不及了，如果棄城逃離陽平，魏兵很快就會追上。經過思考，他作出一個大膽的決定：所有士兵都隱蔽起來，打開四面城門，選二十名老弱兵士扮做老百姓在街上灑水掃地。

魏兵先頭部隊來到城下，看到這種情形，立即止住腳步，不敢前進。司馬懿向城裡觀望，只見二十名百姓低頭掃地，旁若無人，完全沒有敵軍壓境的驚慌氣氛。再看城頭之上，諸葛亮身披鶴氅，鎮定自若地彈琴。幽雅的琴聲在天空中迴蕩，兩個小童站在諸葛亮身邊，一個在左，手捧寶劍，一個在右，手揮拂塵。

司馬懿越看越懷疑，越想越害怕。他馬上下令：後隊變前隊，前隊變後隊，立即撤退。司馬昭勸父親說：「也許城裡根本沒有士兵，諸葛亮故弄玄虛來欺騙我們。」司馬懿自信地說：「諸葛亮辦事歷來謹慎。今天卻四門大開，城內必有埋伏。我們貿然進城，必然中了他的詭計。不要耽誤時間了，趕快退兵！」

後來司馬懿得知了陽平城的虛實，但諸葛亮已做好了防備，司馬懿對此悔恨不已。

諸葛亮智取漢中

蜀兵挺進漢中，曹操親率大軍前來抵禦，兩軍於漢水兩岸隔河相對。諸葛亮查看地勢，吩咐趙雲道：「你帶兵五百人，攜帶戰鼓號角，埋伏在上游的丘陵地帶。只要聽到我軍營中炮響，便擂鼓助威，只是不許出戰。」趙雲領命去了。

第二天，曹兵前來挑戰，見蜀兵堅守不出，只好悻悻回營。晚上，諸葛亮見敵軍燈火熄滅，命人放響號炮。趙雲聽到後，也吩咐鼓角齊鳴。曹兵以為蜀兵來劫寨，急忙起床應戰，但未發現一個蜀兵。剛剛睡下，蜀兵那邊又擂起戰鼓，曹兵還是未發現一個人影。一連三夜，夜夜如此，搞得曹兵精疲力竭。曹操心裡發怵，便退後三十里紮寨。

諸葛亮又請劉備渡漢水後在岸邊紮營。次日，曹操領兵向劉備挑戰。蜀將劉封出戰，曹操命徐晃出戰。劉封戰不過徐晃，撥馬便跑。蜀兵望水邊逃走，軍器馬匹散落滿地。曹兵追趕過來，爭相拾取，不戰自亂。曹操見勢不好，忙下令鳴金收兵。正在這時，只見諸葛亮號旗舉起，劉備領兵殺回，黃忠、趙雲從兩翼殺來。曹操逃到南鄭，見南鄭已被張飛、魏延攻占，只好逃往陽平關。

諸葛亮抓住時機，急令張飛、魏延截斷曹兵糧道，又叫黃忠、趙雲去放火燒山。曹操在陽平關聽說糧道被截、山野被燒，知道後勤方面已無保障，遂領兵出陽平關，希望以一戰之功殺敗蜀兵。蜀兵出陣的仍是劉封，戰了幾個回合便敗走。曹操追了一陣，怕中埋伏，退回陽平關。這時蜀兵又返身殺回，東門放火，西門吶喊，南門放火，北門擂鼓。曹操心中大懼，急忙棄城突圍，到斜谷界口駐紮。蜀兵殺了過來，曹操勉強出戰，被魏延一箭射掉兩個門牙，倉皇率軍逃奔許都，整個漢中丟給了劉備。

在這場戰役中，諸葛亮幾番用計都十分精妙。他先是布置疑兵，瞞天過海，夜間擂鼓疲憊敵人，迫使曹操退後三十里。繼而，又過河背水結營，引誘曹操前來進攻，然後設伏兵殺敵。曹操退守陽平關後，諸葛亮又釜底抽薪，放火燒山，截斷糧道。此後又打草驚蛇，在陽平關四座城門放火吶喊，弄得敵人心驚肉跳，迫使曹操放大斜谷界口，整個漢中遂落入劉備之手。

諸葛亮守信為本

諸葛亮四出祁山時，所帶兵馬只有十多萬，而魏軍主將司馬懿迎戰蜀軍，擁有精兵三十餘萬，還有久經沙場的大將張郃、郭淮、費曜等人。蜀、魏兩軍在祁山對峙，旌旗獵獵，鼓角相聞，戰鬥一觸即發。

正在這緊張時刻，蜀軍中有四萬人因服役期滿，需退役還鄉。蜀軍將領們都為此擔憂：一旦離去四萬人，部隊的戰鬥力將大打折扣，服役期滿的老兵們也憂心忡忡：大戰在即，回鄉的願望肯定要化為泡影。將領們共同向諸葛亮建議：延期服役一個月，待大戰結束再讓老兵們還鄉。

諸葛亮斷然說：「治國治軍必須以信為本。老兵們歸心似箭，他們家中的父母妻兒也盼親人回來望眼欲穿，我怎麼能因一時的需要而失信於軍民呢？」說完，下令各部，讓服役期滿的老兵速速返鄉。

諸葛亮的命令一下，老兵們幾乎不相信自己的耳朵，隨後，一個個熱淚盈眶、激動不已。這一來，老兵們反而不走了，「丞相待我們恩重如山，如今正是用人之際，我們要奮勇殺敵，報答丞相！」

老兵們的激情對在役的士兵更是莫大的鼓勵。蜀軍上下，群情激憤，士氣高昂。四出祁山，諸葛亮雖然沒能取得預期的功績，但他設計誘殺了魏軍大將張郃，又在形勢對自己不利的情況下平安地率領蜀軍撤退回國，這不能不說有四萬服役期滿的老兵的功勞。

諸葛亮兵出隴上搶割新麥

西元二三一年二月，諸葛亮率十萬大軍四出祁山攻伐魏國，司馬懿率張郃、費曜等大將迎戰蜀軍。

諸葛亮兵至祁山，見魏軍早有防備，便對眾將說：「孫子曰：『重地則掠。』也就是說，深入敵人的腹地，就要掠取敵人的糧秣來補充自己。如今，我們的糧草供應不上，我估計隴上的麥子已經熟了，我們可以祕密派兵去搶割隴上的麥子。」諸葛亮留下王平、張嶷等人守衛祁山大營，自己則率領姜維、魏延等將領直奔上邽。

司馬懿率大軍趕到祁山，蜀軍並不出戰。司馬懿心中疑惑，又聞有一支蜀軍徑往上邽而去，不由恍然大悟，急忙引軍去救上邽。

諸葛亮趕到上邽，上邽魏將費曜出兵迎戰，姜維、魏延奮勇向前，費曜被打得大敗而逃。

諸葛亮乘機命令三萬精兵，手執鐮刀、馱繩，把隴上的新麥一割而光，運到鹵城打晒去了。

司馬懿技遜一籌，失去了隴上的新麥，心中不甘，便與副都督郭淮引兵前往鹵城偷襲，企圖奪回新麥，擒拿諸葛亮。不料，諸葛亮早有防備，他讓姜維、魏延、馬忠、馬岱四將各帶兩千人馬埋伏在鹵城東西的麥田之內，等魏兵抵達鹵城城下時，一聲炮響，伏兵四起；諸葛亮又大開城門，從城內殺出，司馬懿拚力死戰，才得以突出重圍。

司馬懿接連受挫，轉而採取了據險而守、絕不出戰的方針。諸葛亮求戰不得，眼看搶來的麥子也即將吃完，只好下令退兵。

魏大將張郃領兵急追，追至劍閣木門，只聽一聲梆子響，早已埋伏在峭壁懸崖上的蜀軍萬箭齊發，張郃及其率領的百餘名部將全死於亂箭之中。

諸葛亮第四次伐魏雖然沒有實現預定目標，但因採用了「重地則掠」的策略，避免了斷糧的危險，並且平安地退回到了本土；而魏國不但損失了隴上的新麥，還損失了一員能征慣戰的大將張郃。

諸葛亮七擒孟獲

孟獲是南中地區（今雲南、貴州、四川部分地區）少數民族領袖。劉備死後，孟獲趁機造反。諸葛亮為鞏固大後方，分兵三路討伐孟獲，一舉將孟獲活捉。孟獲不服，道：「我是中了你們的埋伏才被捉住的，如果是硬拚硬打，你們不是我的對手。」諸葛亮笑道：「好，那就放你回去，我們再打一仗。」

諸葛亮放走孟獲，眾將有些不解。諸葛亮說：「此次遠征，並非爭地奪城，而是為了使南中地區各民族百姓甘心服從我們蜀漢，以後不再叛亂。這就是《孫子兵法》中所說的『攻心為上，攻城為下』。」眾將嘆服。

孟獲離開蜀營，收拾殘兵敗將渡過瀘水，將所有船筏都渡靠南岸，又命令大、小酋長率本部人馬修築土城，企圖借瀘水天險和土城死守。諸葛亮從當地人那裡瞭解到瀘水下游一百五十里處的沙口水淺，可以扎筏渡過去，於是派大將馬岱率三千人馬在土人帶領下夜半渡水，奇襲孟獲，再次把孟獲活捉，孟獲仍舊不服，諸葛亮再次將孟獲釋放。

諸葛亮一連六次活捉孟獲，又一連六次釋放孟獲。孟獲屢戰屢敗，本部兵馬均無鬥志，孟獲便向馬戈國主請來三萬藤甲軍。藤甲軍身穿藤甲，刀槍不入，弩箭射在藤甲上也不能穿透，蜀兵接連吃了敗仗。但是，藤甲軍的藤甲有一個致命弱點，藤甲是用油反覆浸泡過的——怕火。諸葛亮發現了藤甲軍的致命弱點，將藤甲軍引入一個狹窄的山谷中，截斷藤甲軍的歸路，在山谷中放起火來，藤甲軍被燒得焦頭爛額，全軍覆沒，孟獲再一次被活活捉住。

諸葛亮傳下命令：放孟獲回去，讓他整頓兵馬，再決一勝負。孟獲滿面慚愧，說：「七擒七縱，這是自古以來沒有過的事情。我雖然不是讀書之人，但也懂得做人的道理，怎麼能這樣不懂羞恥呢？」說完，跪倒在地，脫掉一隻衣袖，露出手臂，向諸葛亮請罪道：「丞相天威，我們再也不敢反叛了！」諸葛亮問：「你真心願意臣服嗎？」孟獲回答：「我們世世代代要銘記丞相的再生之恩，怎麼敢不服。」諸葛亮於是傳令擺下酒宴，宴請孟獲及各路酋長，仍舊讓孟獲任南中地區各少數民族的頭領。

從此後，孟獲對蜀漢忠心耿耿，南中地區成了蜀漢征伐北魏的可靠後方。

諸葛亮巧計退曹兵

曹操在謀殺馬騰之後，又想趁周瑜新死之際，進兵東吳，消滅孫權。就在這時，有探馬向曹操報告說，劉備正在訓練軍隊，打造兵器，準備攻取西川。曹操聽後大驚，他深知劉備如果占據西川，就會羽翼日益豐滿，到那時再攻劉備可謂難上加難。曹操有心攻打劉備，又怕失去滅吳的大好時機。正猶豫不決之時，謀士陳群獻計說：「現在劉備和孫權結為脣齒之盟，若劉備攻取西川，丞相您可以命人帶兵直趨江南，孫權一定會求救於劉備。而劉備只想著西川，必定無心救援孫權。這樣，我們先攻下東吳，平定荊州，然後再慢慢圖謀西川。」曹操聽罷，茅塞頓開，遂率領大軍三十萬人，去進攻東吳的孫權。

面對曹操咄咄逼人的氣勢，孫權驚慌失措，立即命魯肅派人前往荊州的劉備處告急。劉備收到孫權的求援信，感到左右為難：如果只取西川，不顧東吳，必定導致孫劉聯盟的瓦解；如果支援孫權，放棄西川，豈不可惜？正在劉備拿不定主意的時候，剛剛從南郡趕回荊州的諸葛亮獻計說：「主公不必出兵東吳，也不必停止攻打西川，只修書一封，勸說馬超進攻曹操，使曹操首尾不得兼顧，讓他自動從東吳撤兵。」劉備聞言大喜，連忙派人帶著他的親筆書信勸說馬超進攻曹操。

馬超是西涼馬騰之子，馬騰為曹操所殺，馬超正切齒痛恨曹操，時刻打算殺死曹操，為父報仇。一見劉備來信，馬超便率二十萬大軍浩浩蕩蕩殺向關內，連續攻下長安、潼關，曹操急忙回師西北，根本無心攻打東吳了。

一幅諸侯爭雄的策略態勢圖，實際上是一個各方力量相互牽制的「關係網」。諸葛亮利用各方力量相互牽制的實際情況，向劉備獻上「圍魏救趙」的計謀，不僅挽救了岌岌可危的東吳，而且使劉備乘隙占領西川，為蜀國日後成為鼎之一足打下了基礎。

孫策占據江東

建安四年，江東英豪孫策在平定長江以南諸郡之後，又策劃攻取江北的廬江郡。廬江郡太守劉勛志大才疏，嗜財如命。孫策決定以財物為誘餌，調虎離山，乘虛攻取。

計謀已定，孫策即派一名特使帶著他的書信和厚禮前去拜見劉勛。使者對劉勛說：「我們對太守十分敬仰，願與太守結好。目前上繚經常派兵騷擾江南各國。我們無力遠征，特備禮上書，請求太守出兵討伐。太守如果出兵，則是對江南弱國的莫大恩惠，我們願傾國力支援太守討伐上繚。」說完即獻上書信和厚禮。

劉勛見到孫策的厚禮大喜，他早就聽說上繚殷實富裕，占領了上繚即可富國強兵，所以他當即表示同意。部屬劉日華勸劉勛說：「上繚雖小，但城堅池深，易守難攻，不是一下子就可以攻下來的。我看這是孫策對我們施用的『調虎離山』之計，等我們兵疲於外，他就會乘我們內部空虛，發動突然襲擊，到那時廬江郡可就保不住了！」

但是，劉勛剛愎自用，不聽勸告，出兵討伐上繚，廬江城只剩下一些老弱殘兵。孫策見劉勛主力遠征，遂親率大軍攻下廬江。此時劉勛伐上繚不成，又得知廬江失守，無

心再戰。於是，這隻丟了窩的「虎」帶領人馬投奔了曹操。從此，孫策占據了整個江東，為吳國的建立奠定了基礎。

王戎墮廁保命

西元三〇二年十二月，西晉河間王司馬顒、成都王司馬穎起兵討伐洛陽的齊王司馬同。齊王見二王的兵力從東西兩面夾攻京城，異常恐慌，急忙召集文武群臣討論對策。尚書令王戎建議說：「今二王大軍有百萬之眾，來勢兇猛，一時難以抵擋，不如暫時讓出大權回到封國，這是保全平安的唯一良策。」王戎墮廁保命王戎的話音剛落，齊王的一個心腹怒氣衝衝地吼道：「身為尚書，理當運籌帷幄之中，決勝千里之外，怎麼能舉手投降，讓大王回到封國去呢？從漢魏以來，王侯返國，有幾個能保全性命的？說這種洩氣的話，應該殺頭！」在場的百官一聽，個個面如土色，因為齊王對這個心腹的意見言聽計從。

王戎一看大禍臨頭，急中生智，裝作很難受的樣子說：「老臣剛才服了點寒食散，藥性發作，所以胡言亂語。現在我感到肚子疼，我先去一趟廁所。」王戎急匆匆走到廁所，故意一腳跌了下去，弄得渾身屎尿，臭氣熏天。齊王和眾臣看後都捂住鼻子大笑不止。王戎趁出去換衣服之機溜掉了，免去一場殺身之禍。

司馬懿神速擒孟達

關羽敗走麥城，蜀將孟達坐視不救，對關羽之死負有不可推卸的責任。關羽死後，孟達害怕劉備追究罪責，率親信隨從投降了魏國，被魏主曹丕封為建武將軍、新城太守。

新城（今湖北房縣）西南連蜀，東南連吳，是魏、蜀、吳三國之間的邊防重鎮。孟達是個反覆無常、見利忘義的小人，出任新城太守後，祕密派人與蜀、吳相勾結，妄圖實現其野心。

當時，諸葛亮正準備再次興兵伐魏，對孟達的叛變深惡痛絕。諸葛亮瞭解到孟達與魏國的魏興太守申儀不和，就派人將孟達與蜀、吳相勾結的事情告訴給申儀，打算借申儀之手，剷除孟達。

申儀得知孟達勾結蜀、吳的消息，立即報告給了駐兵在宛縣的司馬懿。

司馬懿素知孟達的為人，新城是策略要地，他對孟達更不放心，接到申儀的報告後，下定決心剿滅孟達。與此同時，孟達也探知申儀告發他的消息，打算一不做、二不休，乾脆舉旗反魏。在這節骨眼上，司馬懿派人給他送來一封信，信上說魏帝和他都對

孟達深信不疑，申儀之說純係私怨，請他放下心來。孟達接信後，半喜半憂，對於是否立即反魏又猶豫起來。

司馬懿給孟達的信不過是緩兵之計。信使才出發，他立即調兵遣將，親率一支大軍奔赴新城。司馬懿的部屬勸道：「這樣大的一件事，不報告魏帝能行嗎？」司馬懿回答：「從宛縣到洛陽八百里，到新城一千兩百里，信使往來最快也要一個月，兵貴神速，如報告魏帝那就什麼事情都晚了。」

司馬懿命令部隊日夜兼程，輕裝疾進，僅八天時間就兵臨新城。

孟達大吃一驚，急忙向蜀、吳求援，但司馬懿分兵截住蜀、吳的援軍，下令攻城。孟達沒有做好防禦司馬懿的準備，新城之兵又不都是自己一手帶起來的，苦苦抵禦了半個月，城破身亡。

司馬懿神速進兵，剪除了叛將孟達，使魏國西南邊境得以穩定。

關羽大意失荊州

西元二一九年秋天，關羽用大水淹沒了魏將于禁、龐德的七千人馬，乘勝進攻曹仁把守的樊城。曹操聞報大驚，謀士司馬懿獻計道：「孫權與劉備是明合暗不合，他早就想奪取荊州，只是沒有機會。如果我們許諾把江南的土地讓給他，再讓他出兵攻擊關羽的後方，樊城之危即可不戰自解。」曹操派使者致函孫權，孫權貪利忘義，果然派大將陸遜、呂蒙偷襲關羽後方。

荊州位於魏、蜀、吳三國之間，是南北交通要道、兵家必爭之地。赤壁大戰後，曹操、劉備、孫權各自占有荊州的一部分，其中劉備占有荊州的大部分，孫權出於聯合劉備共同抗擊曹操的需要，還把南部借給了劉備，因此，荊州實際上是在劉備控制之下。劉備入川後，荊州交由大將關羽鎮守。

關羽遠征樊城，對後方的東吳本來有所防備，東吳守將呂蒙為了麻痺關羽，故意借治病為名退回京都建業，而讓名不見經傳的青年將軍陸遜接替自己。陸遜文武雙全，到任後立即派使者帶著他的親筆信和一份厚禮去見關羽。陸遜在信中對關羽大加吹捧，對自己百倍貶損並再三致意關羽多加關照，蜀、吳兩家永世和好。關羽讀罷書信，認為陸

遜不過是個乳臭未乾的書呆子，收下禮品，放聲大笑，隨後下令把防範東吳的軍隊全部徵調到樊城前線去了。

關羽攻取樊城勝利在望，忽然得報孫權偷襲自己的後方並且已攻取了公安、江陵等地。關羽慌忙撤軍，企圖回師江陵，但呂蒙老奸巨猾，他攻占公安、江陵等地後，對蜀軍家屬加倍關照，蜀軍將士得知家屬平安，一個個均離關羽而去，投降了東吳。關羽回天乏力，敗走麥城，被呂蒙設計斬殺，荊州從此落入東吳手中。

一代名將關羽因麻痺大意疏於防範，而導致兵敗、地失、身亡，其教訓何等慘痛！

陸遜從容退江東

三國時期，諸葛亮在五出祁山前聯合東吳同時攻魏。孫權派荊州牧陸遜和大將軍諸葛瑾率水軍向襄陽進攻，自己親率十萬大軍進至合肥南邊的巢湖口。魏明帝曹睿一面派兵迎擊西蜀的軍隊，一面率大軍突襲巢湖口，射殺吳軍大將孫泰，擊潰吳軍。

諸葛瑾在途中聽說孫權已經退兵，急忙派使者送去信件給陸遜，建議陸遜退兵。使者很快返回，告訴諸葛瑾：陸遜正在與部將下圍棋，讀罷信後，只把信件放在一邊，又繼續下棋去了。諸葛瑾又問陸遜部隊的情況，使者回答說：陸遜的士兵們都在兩岸忙著種豆種菜，對魏軍的逼近並不在意。

諸葛瑾不放心，親自坐船去見陸遜，對陸遜說：「如今主公已經撤軍，魏軍必然全力以赴地來進攻我們，將軍不知有何妙計？」

陸遜道：「如今魏軍占有絕對優勢，又是攜大勝之威，我軍出戰，絕難取勝，自然與有撤退一條路可走了。」

諸葛瑾道：「既然要撤，為何還按兵不動？」

陸遜回答：「敵強我弱，我軍一退，敵人勢必掩殺過來，那種混亂局面，不是我、你能控制了的。我的想法是這樣……」陸遜屏退左右，悄聲說出了一條計策，諸葛瑾聽後，讚嘆不已。

諸葛瑾辭別後，陸遜從容地命令軍隊離船上岸，向襄陽進發，並大肆宣揚：不攻下襄陽，誓不回兵。

魏軍聽說陸遜已棄船上岸，向襄陽開來，立刻調集人馬，準備在襄陽城外迎戰吳軍。一些將領對陸遜是否真的進攻提出質疑，但魏軍統帥早已接到密探的報告，說陸遜的部隊在兩岸種豆種菜，毫無撤退之意，魏軍因而統一了意見，全力備戰，準備給陸遜毀滅性的打擊。

陸遜率大隊人馬向襄陽挺進，行至中途，突然下令停止前進，並改後隊為前隊，疾速向諸葛瑾的水軍駐地撤退。諸葛瑾離開陸遜回到水軍大營後，早已把撤退的船隻準備妥當，陸遜的將士一登上船，一艘艘戰船就滿載將士們揚帆駛返江東。

魏軍久等陸遜，不見陸遜的影子，待發覺上當，揮師急追時，陸遜全部人馬已平安撤走，魏軍追至江邊，只好望「江」興嘆。

劉備因怒伐吳敗夷陵

三國時期，孫權計奪荊州，關羽敗走麥城。關羽死後，孫權將關羽的頭顱獻給了曹操，企圖嫁禍曹操。曹操識破孫權詭計，以重禮安葬關羽。蜀中人知道後，都對孫權恨之入骨。

劉備為了幫關羽報仇，不聽諸葛亮和上將趙雲的苦苦勸說，率水陸兩軍四萬多人馬，遠征吳國。劉備深入吳境數百里，在夷道縣（今湖北宜都）包圍了東吳先鋒孫桓。東吳諸將紛紛要求主將陸遜派兵增援孫恆，陸遜認為孫恆能夠守住夷道，一概拒絕；諸將又要求去迎擊劉備，陸遜認為劉備連克吳軍，士氣正旺，吳軍不宜出戰，因此，也拒絕了諸將的建議。

就這樣，蜀軍與吳軍從西元二二二年的二月一直對峙到六月，吳軍沒有退後半步，蜀軍也未能前進半步。

時值盛夏，烈日當空，蜀軍水兵在船上難奈酷熱，只得離船上岸，在夷陵一帶依溝傍溪紮下營寨，躲避酷暑。陸遜見劉備的軍營綿延百里，且都在樹林茂密的地方，於是制定了火攻破蜀的計劃。他命令水路士兵用船艦裝載裏有硫磺、硝石等引火物的茅草運

到指定地點；又命令陸路士兵數千人拿著茅草到指定地點去放火。這一天傍晚，蜀軍相連的數十座軍營自東向西北連續起火，蜀軍毫無防備，亂作一團，幾十座軍營全被燒燬，陸遜乘機掩殺，蜀兵死傷無數。

劉備在眾將的拚死保護下好不容易逃到夷陵馬鞍山（湖北宜昌西北），陸遜隨後追至，將馬鞍山團團圍住，又在山下四周放起火來。劉備束手無策，只好連夜逃離馬鞍山，殺開一條血路，向西逃命。吳軍緊追不捨，蜀將傅彤身負重傷仍拚死搏殺，劉備這才倖免一死。

劉備因怒出兵，大敗而歸，蜀國元氣大傷。劉備逃到白帝城後，又氣又悔，不久就一病而死。

馬援巧借地形平諸羌

東漢初年，塞外羌人經常侵入內地。漢光武帝劉秀派大將馬援任隴西太守，平定諸羌。

各部落羌人聞知馬援到來，用輜重、樹木堵塞了允吾谷（今青海樂都附近）通道，企圖憑藉險隘，頑抗到底。馬援對隴西的地形瞭如指掌，如今羌人占據有利地形，人數又多，如果一味硬攻，肯定要吃大虧。於是，他一面派一員部將率部分兵力在正面進行佯攻，以吸引羌人；一面親率主力部隊在當地漢人嚮導的指引下，巧妙地利用山谷中的小道作掩護，悄悄地迂迴到羌人的大本營後面，然後突然發起進攻。

羌人倉皇應戰，狼狽潰逃。但羌人對地形更熟悉，他們迅速重新集結，憑藉山高地險的優勢，以逸待勞，與馬援形成對峙。

馬援在山下正面安營下寨，並不急於進攻。到了夜間，馬援挑選精銳騎兵數百名，利用夜幕作掩護，神不知鬼不覺地繞到山後，摸入羌人的營中放起火來，山下正面的漢軍乘機擂鼓助威、齊聲吶喊。羌人不知漢軍的虛實，亂作一團，紛紛離山逃遁。馬援揮軍追殺，大獲全勝。

羌人退回塞外後，經過一年的準備，以參狼羌為首的諸羌聯合在一起，再次侵入武都（今甘肅成縣西）。馬援聞報，率四千人馬前去平息，雙方在氐道縣（今甘肅禮縣西北）相遇。

羌人再次憑藉有利的地形，據險而守，任憑漢軍百般挑戰，就是穩坐山頭不戰。馬援在詳細勘察了羌人的據守情況和周圍的山勢地形後，發現了羌人有一個致命的弱點：水源不足。馬援指揮部隊奪取了羌人僅有的幾個水源，斷絕了羌人的水和糧草。沒過多久，羌人即不戰自潰；一部分羌人投降了馬援，大部分羌人遠遁塞外。隴西從此安定下來。

失街亭馬謖喪命

三國時期，司馬懿用計殺掉叛將孟達後，奉魏主曹睿之令，統率二十萬大軍殺奔祁山。諸葛亮在祁山大寨中聞知司馬懿統兵而來，急忙升帳議事。

諸葛亮道：「司馬懿此來，必定先取街亭，街亭是漢中的咽喉，街亭一失，糧道即斷，隴西一境不得安寧，誰能引兵擔此重任？」

參軍馬謖道：「卑職願往。」

蜀帝劉備在世時曾對諸葛亮說：「馬謖言過其實，不可大用。」諸葛亮想起劉備的話，心中有些猶豫，便說：「街亭雖小，但關係重大。此地一無城廓，二無險阻，守之不易，一旦有失，我軍就危險了。」

馬謖不以為然，說：「我自幼熟讀兵書，難道連一個小小的街亭都守不了嗎？」又說：「我願立下軍令狀，如有差失，以全家性命擔保！」

諸葛亮見馬謖胸有成竹，於是讓馬謖寫下軍令狀，撥給馬謖二萬五千精兵，又派上將王平做馬謖的副手，並囑咐王平：「我知你平生謹慎，才將如此重任委託給你。下寨時一定要立於要道之處，以免魏軍偷越。」

馬謖和王平引兵走後，諸葛亮還是不放心，又對將軍高翔說：「街亭東北上有一城，名為柳城，可以屯兵紮寨，今給你一萬兵，如街亭有失，可率兵增援。」高翔接令，領兵而去。

馬謖和王平來到街亭，看過地形後，王平建議在五路總口下寨，馬謖卻執意要在路口旁的一座小山上安寨。王平說：「在五路總口下寨，築起城垣，魏軍即使有十萬人馬也不能偷越；如果在山上安寨，魏軍將山包圍，怎麼辦？」馬謖笑道：「兵法上說：居高臨下，勢如破竹。到時候管教他魏軍片甲不存！」王平又勸道：「萬一魏軍斷了山上水源，我軍豈不是不戰自亂？」馬謖道：「兵法上說：置之死地而後生。魏軍斷我水源，我軍死戰，以一當十，不怕魏軍不敗！」於是，不聽王平勸告，傳令上山下寨。王平無奈，只好率五千人馬在山西立一小寨，與馬謖的大寨形成犄角之勢，以便增援。

司馬懿兵抵街亭，見馬謖下寨在山上，不由仰天大笑，道：「孔明用這樣一個庸才，真是老天助我啊！」他一面派大將張郃率兵擋住王平，一面派人斷絕了山上的飲水，隨後將小山團團圍住。蜀軍在山上望見魏軍漫山遍野、隊伍威嚴。人人心中惶恐不安，馬謖下令向山下發起攻擊，蜀軍將士竟無人敢下山。不久，飲水點滴皆無，蜀軍將士更加惶恐不安。司馬懿下令放火燒山，蜀軍一片混亂。馬謖眼見守不住小山，拚死衝

下山，殺開一條血路，向山西逃奔，幸得王平、高翔以及前來增援的大將魏延的救助，方才得以逃脫。

街亭一失，魏軍長驅直入，連諸葛亮也來不及後撤，被困於西城縣城之中，被迫演出了一場「空城計」。

諸葛亮退回漢中，依照軍法將馬謖斬首示眾，又上表蜀後主劉禪，自行貶為右將軍，以咎自己用人不當之過。

周瑜縱火戰赤壁

東漢末年，曹操在平定北方、統一中原之後，統率二十萬大軍沿長江東進，企圖迫使占有江南六郡的孫權不戰而降，然後一統中國。

這時候，屢遭敗績的劉備已退守到長江南岸的樊口。受劉備的委託，諸葛亮隻身一人前往柴桑會見孫權。諸葛亮舌戰群儒，堅定了孫權迎戰曹操的決心，於是，孫權和劉備結為聯盟，共同抗曹，孫、劉的軍隊與曹操的軍隊在赤壁相遇，拉開了赤壁大戰的序幕。

曹操的軍隊不善水戰，初次交鋒，孫、劉占了上風。曹操命令荊州降將蔡瑁、張允訓練水軍，周瑜大會群英，巧施離間計，使曹操斬殺蔡瑁、張允。曹操失去善於水戰的指揮，窘迫之際，將大船、小船或三十為一排，或五十為一排，首尾用鐵環連鎖在一起，這樣，大江之上，任憑風大浪大，戰船不再顛簸，曹操自以為得計。

周瑜得知消息，決心用火攻打敗曹軍。但是，時值冬季，江上多西北風，如果用火攻，不但燒不了曹軍，反倒要燒了自家戰船，周瑜為此坐臥不寧。諸葛亮能察天文地理，早已測知冬至前後將會有一場東南大風出現，於是自告奮勇，要「借」一場東南大風，助周瑜一臂之力。

周瑜驚喜若狂，又得大將黃蓋以死相助，以「苦肉計」騙得曹操的信任，在東南風乍起之時，駕著十餘只載滿澆上了油和裏有硫磺等易燃物的乾草的戰船，在夜幕來臨之際，迅速接近了曹操的戰船。黃蓋一聲令下，點燃乾草，十餘艘戰船在東南風的勁吹之下，猶如十餘隻火龍，直撲曹操的戰船。

剎那間，江面上煙火沖天。曹操的戰船連在一起，一船著火，幾十隻船跟著著火，曹操的水軍士兵大部分被燒死、溺死在江中。大火從江面蔓延到曹軍岸邊的營寨，岸邊的曹營也變成了一片火海。

孫、劉聯軍乘勢水陸並進，曹操從華容小道僥倖逃得性命，二十萬大軍損失殆盡。

赤壁一戰，為以後的魏、蜀、吳「三國鼎立」奠定了基礎。

黃忠計斬夏侯淵

三國時，老將黃忠奉命前去攻打曹軍將領夏侯淵。夏侯淵占據有利地勢，並且營壘堅固，而黃忠遠道而來，兵馬勞頓。所以交戰幾個回合，黃忠都是大敗而歸。

謀士法正向黃忠進言說：「夏侯淵性情十分急躁，雖然勇猛，但缺少智謀。我們可以放慢前進的速度，步步為營，設法激怒夏侯淵來進攻我們。這樣我們就可以尋找一個有利的時機，選擇一處有利的地形打敗他。」黃忠採用了法正的計謀，把軍中所有食物，全部賞賜給三軍將士。將士們群情激昂，紛紛表示要效死奮戰。

夏侯淵果然忍耐不住，欲帶兵攻打黃忠。大將張郃勸道：「這是黃忠使用的反客為主之計，我們絕不能首先出戰，否則會有危險。」夏侯淵不聽，氣勢洶洶地上門找黃忠決戰，結果中了黃忠的埋伏，曹軍大敗，夏侯淵丟掉了性命。

開始時，黃忠率軍進攻夏侯淵，按其互相關係，黃忠屬客位，原地迎敵的夏侯淵屬主位。後來，黃忠停兵，誘使夏侯淵前來攻打自己，這樣黃忠成了主位，而夏侯淵反成了客位。主客位置的調換，使黃忠獲得了作戰的主動權，為奪取勝利奠定了基礎。

苻堅兵敗淝水

晉朝時，北方的前秦日益強大起來，欲迅速滅亡東晉司馬氏政權，一統天下。前秦國君苻堅率軍九十萬，進犯東晉邊境。西元三八三年，晉秦兩國軍隊隔淝水相持。晉軍將領謝石認為晉軍目前士氣高昂，宜與秦軍速戰速決。但是，淝水阻隔，如何進攻？部將謝琰進言說：「苻堅驕橫恣肆，目空一切。今可寫一封信激他，要秦軍暫退一步，使我軍渡過淝水後與之決戰。信中還要說明，如果他不願讓出一塊交戰地盤，就說明他害怕晉軍，甘拜下風了。我們事先在秦中軍布下探子。如此這樣，定能大獲全勝。」謝石認為這是好計，於是立即修書一封，派人送到秦軍的營中。

苻堅看到謝石的信，認為謝石犯了兵家大忌。他對手下人說：「晉軍要求渡河而戰，我們就依他所請，讓出一箭之地。待到晉軍半渡時，我們以騎兵衝殺他們，讓晉軍成為水中之鬼！」苻堅覆信給謝石，表示同意讓出交戰場地。

第二天大早，晉軍首先把人馬部署在淝水岸邊，等待渡河。對岸的秦軍士卒都是強徵入伍的，十分厭戰，不願為苻堅賣命。這時，秦王苻堅發出了後撤的命令，正投合他們的心意，恨不能多長兩條腿，跑得更快些。撤退中的秦軍擁擠成團，人、馬、車互相

衝撞，罵聲、喊聲、埋怨聲匯成一片。混入秦軍的晉國探予見時機已到，便高聲喊道：「秦軍敗了！晉軍殺過河來了！快跑啊！」本來秦軍就人心惶惶，聽到這一聲喊，頓時驚慌失措，一片混亂。苻堅幾次下令停止退卻，但兵退如山倒，怎能阻止得住。

晉軍見秦軍大敗，乘機搶渡淝水，拚殺過來。秦軍全線潰敗，苻堅領兵倉皇逃走。

在淝水之戰中，晉軍運用「順手牽羊」之計，取得了以少勝多的奇效。秦軍後撤本來無損於它的實力，但晉軍的探子在其中乘機煽風點火，謠傳「秦軍敗了」，而秦軍士兵不知底細，造成一退不可收拾的局面。

長繩繳械斬叛軍

唐憲宗時，戎族和羯族進攻中原地區，唐憲宗下詔調南梁的兵馬前往京師助陣。不料這夥人在中途嘩變叛亂，公開與朝廷作對。唐憲宗對此深感不安。

這時，京兆尹溫造請求前去處理此事，唐憲宗準允。溫造來到南梁，只宣讀了皇帝安撫詔書，對作亂之事隻字不提。這夥人見溫造是一個儒生，根本沒把他放在眼裡。不久，溫造與這夥叛軍混得很熟。

一天，溫造和他手下的幾名侍衛隨從在長廊前拴了兩根長繩。操練完畢的叛軍來到長廊邊吃飯時，把手中的刀劍都拴在長繩上。飯剛下肚，只見溫造與手下人將兩根長繩兩頭齊力拉平，那些刀劍便一下子離地三丈多高。叛軍拿不到武器，頓時亂成一團。溫造早已布置的伏兵乘勢殺去，把這些叛軍像破瓜切菜一樣全部斬首。

在這裡，溫造採取了欲擒故縱的計謀：先穩住敵人，等敵人意志鬆懈後再突然下手，出奇制勝。

李世民逼父反隋

隋朝末年，隋煬帝荒淫殘暴，窮兵黷武，激起民眾的強烈不滿，紛紛起兵造反。在八方戰亂蜂起的時候，李世民預感到隋朝的統治已經岌岌可危了，便策動自己的父親、當時的唐國公李淵起兵反隋，號令天下。但是，李淵不但不同意，甚至要把李世民抓起來交到官府治罪。李世民經過苦思冥想，利用隋煬帝對李淵心存疑忌的機會，採取上屋抽梯的辦法，逼迫李淵造反。

李世民有個心腹叫裴寂，專門負責管理隋煬帝的離宮。有一次，裴寂故意派離宮中的嬪妃去侍奉李淵，按隋朝的法律，這是大逆不道之罪。這件事使李淵在思想上產生了很大的壓力。又有一次，裴寂在宴席上，佯裝喝醉，把李淵父子準備謀反之事說了出來，這使李淵十分害怕。李世民乘機勸李淵：「事已至此，如果不起兵，皇上饒不了我們。起兵不僅可以自保，而且有可能奪取天下。」李淵感到沒有退路，終於同意率眾造反。在這裡，李世民對李淵採取逼迫手段，促使李淵「上屋」。李淵知道，無論是「淫亂後宮」，還是「蓄意謀反」，都會招來滅族之罪。下樓的「梯子」被抽掉了，李淵處於有進無退的境地，最後不得不舉兵反隋。

李世民智退突厥兵

西元六二四年，唐朝統一全國的戰爭基本結束。突厥貴族眼看內地已無割據勢力可資利用，便傾其全部兵力，大舉入侵唐朝疆域。頡利、突利兩位可汗率軍深入到豳州地區，使唐都長安受到直接威脅。唐高祖李淵急忙派秦王李世民和齊王李元吉帶兵前往抵禦。

李世民認為，在敵強我弱的情況下，不能硬拚，只能智取。他說服了李元吉，親自率一百多名騎兵來到突厥兵的陣前。頡利、突利見唐兵只有一百多騎前來，感到非常奇怪，因害怕唐兵暗設圈套，遂壓住陣腳，不敢輕舉妄動。

來到陣前，李世民大聲對頡利說：「我是大唐秦王，你若有膽量，與我單獨較量！」然後，李世民來到另一邊，對突利語氣和善地說：「你我曾訂立盟約，說有急事互相救助。現在你不但不救助，反而引兵來攻，哪裡還有香火之情、兄弟之誼？」頡利隱約地聽李世民說「訂立盟約」、「兄弟之誼」之類的話，疑心突利與李世民之間有密謀，遂引兵後退。突利見狀也領兵退去。

此後，陰雨連綿有十餘日。李世民夜裡冒雨率軍偷襲敵人。突厥人這才感到李世民

不好對付。李世民又派人重金賄賂突利，說明利害，突利有些動搖。頡利主張再戰，突利表示不同意。頡利怕突利與李世民之間有什麼名堂，為免自身之禍，於是同意與唐朝訂立盟約，突厥旋即退兵。

在此，李世民運用了反間計。他知道頡利、突利二人雖同是突厥的可汗，但分屬於不同的部落，往往互相猜忌。李世民正是利用這一點，假裝與突利有過祕密交往，使頡利起了疑心。主帥之間不和的軍隊是沒有戰鬥力的。頡利怕中了李世民和突利之間的圈套，遂退兵。

王德用不戰而勝

北宋名將王德用做定州路都總管的時候，整天訓練士卒，準備應付北方契丹人的突然進犯。

一次，契丹的間諜偷偷來偵察情況，部下請求把他抓起來。王德用說：「先不要抓他，我正想用他為我傳話呢。他回去後會把這裡的情況匯報給契丹將領，這樣契丹人就要認真地考慮是否和我們交戰了。百戰百勝，不如不戰而勝。」

第二天，王德用故意舉行盛大閱兵儀式，受閱士卒生龍活虎，精神百倍。閱兵完畢，王德用宣布：準備好糧草，隨時待命出發。

契丹間諜回去把上述情況報告給契丹將領。契丹將領認為出兵侵宋，凶多吉少，遂派使者與宋議和。

王德用發現敵人的間諜後，並不急於抓獲，而是利用他傳遞訊息，從而達到了不直接交戰便使契丹人屈服求和的目的。

武則天剷除異己

武則天登上皇帝寶座後，受到許多朝中大臣和地方官員的反對。為保住皇位，剷除異己，武則天想出一個辦法。她詔令天下：無論什麼人，都可以直接進京面見皇帝，告發大逆不道的貪官汙吏。告發屬實者，授予一定的官職。即使告發不實，也不予以追究。

詔令一出，告密者蜂擁而至。被告有貪贓枉法的，有欺壓百姓的，當然還有許多反對武則天當皇帝的。武則天選拔一批狡詐殘忍的人處理這些案件，對那些反對自己的人格殺勿論，武則天用這種辦法很快地剷除了異己。

在這裡，武則天兩計扣用：表面上是肅貪，實則為消滅異己，明修棧道，暗度陳倉。自己不出面，任用酷吏處理案件，屬於借刀殺人。

隋煬帝兵敗高麗國

隋煬帝在位時，飛揚跋扈，窮兵黷武。

西元六一二年二月，隋煬帝因不滿朝鮮半島上的高麗國對自己不馴服，出動水、陸大軍一百多萬遠征高麗，正面進攻，未能得手。連連上當之後，隋煬帝竟然毫不覺醒。此時，右翊衛大將軍來護兒率領的水軍經黃河攻至平壤，由於孤軍深入，不諳地形，被高麗軍擊潰，幾乎全軍覆沒。另一支大軍在大將軍宇文述等人統率下，進至鴨綠江畔，由於糧草接應不上，陷入進退兩難之境。高麗國王探聽到隋軍糧草不濟的情報後，故意節節敗退，引誘隋軍深入，然後一舉擊敗隋軍。隋軍潰散，最後只剩下兩千多人逃回隋軍大營。隋煬帝見三路大軍失去了兩路，只好下令撤軍。

隋煬帝視戰爭為兒戲，回到京都後，徵調各路人馬，於第二年再次東征高麗，結果又是大敗而歸。到了第三年，又第三次東征高麗，大軍尚未進入高麗境內，便因國內爆發大規模農民起義，不得不半途而廢。

隋煬帝三次東征高麗，耗盡了國家的人力、財力、物力，最後，在農民起義的浪潮中，被自己的部將宇文化殺死，隋朝隨之滅亡。

隋文帝先備後戰滅陳國

南北朝後期，北周的相國楊堅自立為皇帝，建立了隋王朝，楊堅即是隋文帝。隋文帝胸懷大志，決心一統天下，但在當時，隋文帝力量單薄，而北方的突厥人不時南侵，隋文帝便制定了先滅突厥、後滅陳國的策略方針。

隋文帝在與突厥交戰期間，對南方的陳國採取了十分「友好」的策略：每次抓獲陳國的間諜，不但不殺，反要以禮相送還；即使是有人要投靠隋文帝，只要他是陳國人，隋文帝從隋、陳「友好」出發，仍毅然加以拒絕。為增加國家實力，隋文帝大膽實行改革，簡化了政府機構，鼓勵農耕，提倡習武。

在擊潰了突厥之後，隋文帝開始著手滅陳的行動。江南收穫的時間較早，每到收穫季節，隋文帝就派人大造進攻陳國的輿論，令陳國緊急調徵人馬，以至誤了農時。江南的糧倉多用竹木搭成，隋文帝派遣間諜潛入陳國，因風縱火，屢屢燒燬陳國的糧倉。經過幾年的折騰之後，陳國的物力、財力都遭受到不小的損失，國力日益衰弱。

為了渡江作戰，隋文帝派楊素為水軍總管，日夜操練水軍。楊素建造的戰船，最大的叫「五牙」，可乘八百人；小的叫「黃龍」，也可乘一百餘人。為了迷惑陳軍，屯兵大江前沿的隋軍每次換防時都要大張旗鼓，令陳軍恐懼不已，以為隋軍是要渡江作戰。渡江前夕，隋軍又派出大批間諜進行騷擾、破壞，攪得陳國軍民不得安寧。

但是，面對磨刀霍霍的隋軍，陳國國君陳後主竟然麻木不仁，依舊是醉生夢死。太市令章華冒死進諫，陳後主將章華斬首示眾。西元五八八年十月，隋文帝認為條件已經成熟，指揮水陸軍五十二萬人，從長江上、中、下游分八路攻陳，當元帥楊素的「黃龍」戰船在破曉時抵達長江南岸時，陳國守軍還都在睡夢之中。隋軍除在岐亭（西陵峽口）遭到陳國南康內使占仲肅在江中以三條巨型鐵索的阻截外，一路上攻無不克，戰無不勝。第二年的正月二十日，隋軍攻入陳都建康，陳後主倉皇躲入枯井之中，後被隋兵搜出，陳國滅亡。至此，隋統一了中國長達近兩百年的「南北朝」——中國社會長期分裂的局面終於結束了。

李世民尋機破薛軍

隋朝末年，天下大亂。隋將薛舉、李淵先後稱帝。為奪取天下，薛、李之間征戰不停。西元六一八年，薛舉的兒子薛仁率大軍包圍了李淵的涇州（甘肅涇川北），大敗涇州守軍，擊殺大將劉感。李淵聞報後，急派秦王李世隋文帝先備後戰滅陳國民率軍救援。

李世民進入涇州城，堅守不出。薛仁派宗羅喉前去挑戰，百般辱罵。一些將領按捺不住，對李世民說：「如今賊兵已占領高土庶，又如此輕侮我們，我軍已今非昔比，怕他們什麼？」

李世民道：「我軍剛剛打了敗仗，士氣不振；賊軍接連取勝，士氣旺盛。在這種情況下出兵，必敗無疑。所以，只有緊閉城門，以逸待勞。賊軍狂妄之極，日子多了，必然由驕而生惰，而我軍士氣則可逐漸恢復，到那時，尋機一戰定可大獲全勝。」

幾個將領還想陳說自己的主張，李世民決然下令道：「從現在開始，誰要再敢言『戰』，斬！」

自此之後，將士上下同心，任憑敵軍辱罵，只是堅守不出。

雙方相持了兩個多月，薛仁的軍糧日漸減少，士氣低落。薛軍主將見士卒們疏忽怠惰，動輒鞭打、辱罵，將士多有怨恨。又過了一些天，一些士卒悄悄地到李世民營中投降、要飯吃。後來，成隊成隊的士卒在偏將們的率領下投降了李世民。李世民認為時機已經成熟，派右武侯大將軍龐玉在無險可守的淺水原南邊布陣，吸引薛軍主力去進攻，自己親率大軍從薛軍背後發起偷襲。薛軍主力受到前後突擊，一敗塗地。李世民乘勝追擊，將薛仁包圍在高士庶城中。入夜，薛仁的士卒爭先沿著繩索爬下城頭，向李世民投降。薛仁見大勢已去，打開城門，投降了李世民。

狄青歡宴候捷報

西元一〇五二年，南方的儂智高發動叛亂，宋仁宗派狄青率軍征討。

狄青在崑崙關下紮營，命令將士堅守不出。有一個名叫陳曙的將領，想冒險邀功，私下領兵攻敵，卻被打得落花流水，狼狽逃回。狄青按軍法從事，把陳曙等三十一名將士處斬。這樣，誰也不敢私自出戰了。儂智高聞報大喜，以為狄青有意歇兵，毫不加以防備。

當時正值正月十五元宵節，老百姓家家張燈結綵，歡度元宵節。狄青也在營中大擺筵席，邀宴將士。他宣布：第一夜邀請高級將領，第二夜邀請中下級軍官，第三夜犒賞全體士兵。

第一夜將領們赴宴，飲酒行令，盡情歡樂，直到天明才散。第二夜，軍官們酒至半酣，狄青稱身體不適離開筵席。眾人盡情地吃喝，鬧得不亦樂乎，至深夜仍不見主人回來，誰也不敢離席。

待到天亮時，忽有軍卒來報：「元帥已攻破崑崙關，特請諸位到關上吃早飯去。」大家聽了，都為之愕然，驚訝非常！

原來，狄青連夜歡宴將士的消息被賊將儂智高獲悉。儂智高以為可以放心睡大覺了，也設宴犒賞部下。那幾日天氣特別寒冷，狄青便挑選部分悍將和勇敢的士兵，趁敵人不備偷襲敵營。敵人一時倉惶失措，不及抵抗，紛紛退卻，所以狄青便唾手攻下險要的崑崙關。

叛軍死於曹瑋的一笑

宋代名將曹瑋帶兵有方，軍紀嚴明，為此西夏人很害怕他。

有一天，曹瑋正與人下棋，突然有人前來報告說：「剛才有幾千名士兵叛變，已帶著糧草軍械逃往對面的西夏國。」這一突然的事變，使宋軍的處境十分嚴峻，許多將領都驚慌失措，不知如何是好。曹瑋也覺得事態的嚴重，但是他卻表現得十分沉著，向眾人神祕地一笑，小聲地說：「這是我事先安排的行動，你們誰都不許聲張。」說完他又談笑自如地接著下棋。這個消息傳到西夏，引起了西夏人對來降宋軍的懷疑。西夏人本來就懼怕曹瑋，唯恐吃虧。曹瑋那神祕的一笑更加使他們難辨真偽，索性把投降的宋軍通通殺掉，將屍首扔到了兩國邊境上。

曹瑋在這裡利用西夏人多疑的心理特點，暗中使用間接出刀的方法，使叛逃的宋軍人頭落地。可見，曹瑋這一笑隱藏著殺機。

畢再遇懸羊擊鼓

西元一二〇六年，南宋將領畢再遇率宋軍與金兵作戰，因金兵的增援部隊越來越多，畢再遇感到寡不敵眾，便決定撤退。

在與金兵作戰中，畢再遇總是令宋軍擂鼓不止。他認為，這樣既可以威懾敵人，又能鼓舞宋軍的士氣。在與眾將商議撤退之事時，畢再遇說：「目前敵眾我寡，不能再戰，為保存我軍實力，只有主動撤退。當然，撤退必須悄悄地進行。可是如果我們軍營中沒有了軍鼓聲，勢必被敵人發現。我有一計，可以保證我軍安全撤離。」

於是，宋軍依畢再遇吩咐，弄來許多羊，在臨行前，把羊倒吊在樹上，讓羊的兩隻前蹄抵在鼓面上。羊被吊得難受，便使勁掙扎，兩隻前蹄不停地亂動，這樣宋營中鼓聲齊響。宋軍也不拔營，全部人馬輕裝簡從，悄悄地撤離營地。

金兵聽到宋營鼓聲不斷，以為宋軍仍在營中，依舊調兵遣將，準備大舉進攻宋軍。幾天過去了，宋營內只有鼓聲，不見人動。金將開始懷疑，趕緊派人偵察，才發現擊鼓的都是羊，宋軍早已遠走高飛了。

金將恍然大悟，嘆道：「我們中了畢再遇的金蟬脫殼之計了。」

耶律休哥大敗曹彬

北宋初年，大將曹彬奉宋太宗旨意率軍收復幽、薊等州，然後向涿州挺進。

契丹軍大將耶律休哥自知所率人馬不多，不敢與宋軍正面交鋒，只是派遣精銳騎兵截擊宋軍糧草。蕭太后得到耶律休哥的稟報後，親自率領雄師前往涿州增援。

耶律休哥得知援軍很快就到，便率軍先趕到涿州，採用佯攻的辦法消耗宋軍的實力。他命令輕騎兵向宋軍挑戰，待宋軍前來迎戰時，則一戰即退。等到宋軍開飯時又衝殺過去，待宋軍放下飯碗時，他們又且戰且退。到了夜間，耶律休哥派人又是擊鼓又是叫喊，待宋軍殺出時卻不見一人。如此這般每天重複幾次，搞得宋軍日不得食，夜不能眠，精疲力盡，鬥志盡喪。

正在這時，傳來了蕭太后帶領精銳部隊快到涿州的消息。曹彬和大將米信商議說：「我看不如暫且退兵，等待適當時機再出擊。」米信完全贊同，說道：「我們力盡糧竭，怎麼能與這樣強勁之敵對抗呢？知難而退，這是行軍的要訣，我們快退兵吧！」

曹彬急忙下令退兵，沒想到這一退，全軍頓時亂了陣腳，橫不成列豎不成行，亂糟糟地向南潰逃而去。耶律休哥乘勢追擊，在岐溝終於趕上宋軍。宋軍這時已無心戀戰，勉勉強強揮戈交鋒。宋軍疲憊之師怎能戰得過契丹精銳之旅呢？曹彬支撐不住，繼續退卻。

好不容易奔到沙河，看看追兵尚遠，曹彬命人埋鍋做飯。剛要吃飯時，忽然炮聲連天，契丹兵追趕而來。曹彬不敢再戰，棄食忍饑，慌忙率軍渡河南走。渡河的人馬還不到一半，契丹兵已經趕到，把宋軍殺得人仰馬翻。

這一仗本來耶律休哥處於劣勢，但是他善於用計，派少數士兵騷擾宋軍，使他們食寢全廢，疲憊不堪，然後率重兵發動進攻，大敗宋軍。這就是兵法中說的「逸能勞之，乘勞可攻。」

元昊火燒野草退遼兵

西園一〇四四年，遼興宗親率騎兵十萬討伐西夏，攻到賀蘭山下。西夏帝元昊自知不敵，施緩兵之計，率眾將到遼營「請罪」，要求遼軍後撤。遼興宗見元昊態度恭謹，遂有罷兵議和的打算。但是，遼國大將蕭惠不願錯過以強擊弱的好機會，趁遼興宗尚未拿定主意時，率軍發起進攻。

元昊見遼兵勢盛，難以硬拚，就採用疲勞戰的辦法，與敵周旋。他下令主動後撤三十里，並命人將沿途的野草點燃，阻止遼兵的追擊。當地是一望無際的大草原，一旦火起，很快四處蔓延。元昊接連後撤三次，均放火燒草，百里之內，均成光禿禿的不毛之地。遼兵一路追擊而來，所到之處，無糧無草，人困馬乏，饑餓難忍。遼興宗見勢不妙，就派人對元昊說，同意與西夏議和。

此時，元昊卻改變了主意，他決心與遼軍一決雌雄。遼軍被拖著奔走了幾天，已經疲憊不堪，而西夏軍隊以飽待饑，以逸待勞，士氣高漲。元昊一聲令下，西夏軍隊全面反攻，一舉擊潰遼軍，可憐的遼興宗僅帶數騎逃脫。

在這場戰役中，由於元昊能夠審時度勢，及時調整戰術，敵兵勢盛時就主動後退，同時燒草阻敵，削弱其實力，待敵睏乏，便迅猛出擊，因而反敗為勝，扭轉了戰局。

清風山好漢戲秦明

《水滸傳》裡有這樣一個故事。

秦明率領官兵攻打清風山。來到清風山腳下，周圍並無動靜，秦明命令官兵攀援上山。當他們快爬到山頂時，突然，滾木礌石鋪天蓋地地從上面砸下來，滾燙的石灰水和發著臭氣的屎尿水如暴雨般傾泄而下。前面的官兵還沒明白是怎麼回事就被砸倒在地，後面的官兵見勢不妙撒腿就跑。

秦明怒不可遏，他把僥倖逃回來的士兵聚集起來，重新上山。這一次官兵繞著山腳向東走，找到一條坡勢稍緩的上山之路。這時，西面山坡上鑼聲大作，從濃密的叢林中衝出一隊打著紅旗的嘍囉兵。秦明毫不遲疑，率領手下官兵向西殺去。等到了西面，鑼也不響，紅旗也不見了。當秦明走近嘍囉兵出沒的那邊山路時，發現這裡堆滿亂樹折木，根本無法前進。正當官兵清理路障時，探馬來報，說東山鑼響，並有打著紅旗的嘍囉兵。秦明又率領官兵迅速向東殺去。可到了東面，沒見到一個人影。這時探馬來報，說西山紅旗招展。秦明又殺回西面，卻還是撲了空！

就這樣，秦明帶領官兵在東山和西山之間跑了一整天，累得氣喘吁吁，氣力殆盡。最後清風山好漢一齊殺出，官兵四散而逃，秦明只好束手就擒。

金軍兵敗泗州城

西元一二〇六年，南宋將領畢再遇、鎮江都統陳孝慶決定攻占金軍占據的泗州城。泗州的金軍得知這一消息後，立即堵塞了城門，加強了防範措施。從金軍這一舉動中，畢再遇明白金軍已知道宋軍進攻的時間，因而與陳孝慶商量，決定改變進攻時間，以達到出其不意的效果。

畢再遇到達泗州時，發現城不大，卻分為東、西兩城，覺得有機可乘。他命人把所有的戰船、戰旗和武器裝備全部集中在西城腳下，擺出一副要猛攻西城的樣子。然後，畢再遇帶領主力部隊悄悄地從陟山直接襲擊東城。由於金軍主力被吸引到西城去了，東城防守空虛，不久東城便落入畢再遇之手。

攻克東城以後，畢再遇又率軍進攻西城。宋軍一方面舉起大將旗幟，敲鑼打鼓，製造聲勢，另一方面又向金軍喊話，勸其投降。金軍見東城已失，西城又危在旦夕，抵抗毫無作用，遂獻城投降。

韓世忠征討劉忠

南宋初年，劉忠擁兵數萬，占據了蘄陽白面山，與朝廷為敵。韓世忠奉命征討劉忠。

韓世忠統兵來到白面山下，看到劉忠的防守很堅固，便下令結營紮寨，不許出戰。韓世忠征討劉忠就這樣對峙了好多天，韓世忠每日下棋喝酒，似乎無心打仗，眾將士感到很奇怪。其實，韓世忠已派出細作查探敵人的情況，正在心中謀劃勝敵之策。他嫌細作探明的敵情不夠詳備，遂在一天夜裡帶領一名部將偷偷到敵營附近巡察。四周看過一遍之後，韓世忠對部將說：「真是天助我也，我已有破敵妙計了！」

回營後，韓世忠派出兩千精兵趁著夜色埋伏於白面山下。自己則率眾將士拔營，向劉忠發起突然進攻。劉忠倉促應戰，感到兵力不足，便把山上的兵馬全都調集過來。此時那兩千精兵乘山上空虛，迅速占領了中軍瞭望臺。正與韓世忠激戰的劉忠部卒見中軍瞭望臺上插滿了官軍的旗幟，知後方已失守，軍心很快渙散，許多士兵爭相奔逃。劉忠最後死於非命。韓世忠謀而後動，巧施調虎離山之計，先使敵人後方易幟，形成前後合擊之勢，一舉攻破堅固的防線。

曹瑋智破西夏兵

北宋初年，西夏人經常侵犯邊疆。一次，西夏軍隊又來騷擾，渭州知州曹瑋領兵出戰，打敗了敵人。看到西夏兵逃跑遠了，曹瑋命令士兵趕著敵人丟下的牛羊，抬著敵人丟下的輜重慢慢地往回走。西夏軍隊逃出幾十里後，得到探馬關於宋兵的報告，西夏主帥認為曹瑋貪圖財物，行動遲緩，隊伍渙散，掉頭襲擊宋兵，必然大獲全勝。

曹瑋聽說西夏人又折了回來，仍叫部隊緩慢行進。部下很擔心地勸他說：「把牛羊和輜重丟下吧，帶著這些累贅，部隊行動不靈活。」曹瑋對這種勸告毫不理睬，直到走到一個地形有利的地方，才命令部隊休息，等待敵人的到來。

西夏軍隊逼近的時候，曹瑋派人通知西夏主帥說：「你們遠道而來一定很疲勞，我們不想乘人之危，請你們的人馬先休息，然後我們再開戰。」西夏人已經精疲力竭，聽到曹瑋這話異常高興，都坐下來休息，過了好久，雙方才擊鼓交戰，結果曹瑋的軍隊毫不費力就把西夏人打得狼狽逃竄。

曹瑋的部下對這次戰鬥輕易取勝感到難以理解。曹瑋解釋說：「我讓大家趕著牛羊，抬著輜重，做出隊伍渙散的樣子，目的是為了誘騙敵人，把他們再引回來。敵人走

了很遠再折回來襲擊我們，差不多走了一百里。這時，如果我們馬上開戰，他們雖然很疲憊，但士氣仍存，戰局的勝負很難確定。我先讓他們休息，走遠路的人一旦停下來休息，就會腿腳腫痛，精神鬆懈，沒有了戰鬥力。我就是運用這種上屋抽梯的辦法打敗西夏人的。」

「猴兵」火燒敵寨

南宋初年，晏州少數民族首領卜漏聚眾起義。朝廷派趙通為招討使，率軍前去征剿。

卜漏的營寨建手山上，四周是重重的密林。林外設有木柵，並挖有壕溝和陷阱。趙通仔細察看了地形，發現山後有一處崖壁峭直而上可達敵寨，卜漏恃險對此不作防備。他決定將這條「絕路」作為攻打敵寨的突破口。

當地盛產猴子，趙通讓士兵抓捕了幾千隻猴子，把浸了油的麻草捆在猴背上。這些猴子在小部隊的帶領下悄悄地攀上險峻的峭壁。

與此同時，趙通率軍從正面開始攻打敵寨。

卜漏不敢輕敵，調集人馬進行防禦。突然，敵人的背後躥出上千隻背上著了火的猴子，牠們拚命地亂竄，卜漏的營寨成了一片火海，卜漏命令士兵撲火，而猴子受了驚嚇，更是跳來跳去，火勢愈加旺盛。趙通乘勢率軍衝了上來，敵兵驚慌失措，有的跌人火中，有的摔下崖壁，死傷無數。卜漏突圍無效，死於亂軍之中。

趙通巧妙利用「猴兵」火燒敵寨，形成摧枯拉朽之勢，可謂作戰取勝的出色範例。

岳飛施計廢劉豫

西元一一二五年，北方女真族建立起金朝，進而南侵，占領宋朝的半壁江山。為緩和民族矛盾，鞏固占領區，金朝樹起幾個傀儡政權，劉豫的偽齊政權就是其中之一。劉豫誘降南宋官員，經常出兵幫助金軍進犯宋朝。

南宋將領岳飛很想除掉劉豫這個敗類。他聽說金國將領金兀朮對劉豫有不滿情緒，便決定利用這一矛盾，借金兀朮之手除掉劉豫。

恰好岳飛抓到金兀朮派來的一個偵探人員。宋兵將偵探人員帶到大帳裡，岳飛佯裝認錯，對部下說：「快給他鬆綁，他是我派出的偵探人員。」隨後，岳飛對那人說：「你不是張斌嗎？我派你到大齊約劉豫引誘金兀朮，你怎麼一去不復返了？我後來只好又派人去聯絡，劉豫已經答應我今年冬天以聯合進攻長江為名，把金兀朮騙到清河。你長期在外，逃避任務，該當何罪？」那人假意認罪，請示岳飛赦免，他將帶罪立功。岳飛說：「饒你這回，給你一次立功的機會，你拿著我的信去見劉豫，問他何時出兵。」於是，岳飛寫了一封給劉豫的信，把那人的大腿割開一個口子，放入書信，然後包紮好傷口。那人忍痛回到金營，向金兀朮報告了這一情況，並將書信取出交給金兀朮。金兀朮

看後大驚，命人火速帶書信上交金國國君。不久，劉豫被廢。

在三十六計中，施行反間計往往兼用借刀殺人之計。岳飛利用敵方的間諜挑撥是非，屬反間計。從除掉對手的方式來說，又可歸入借刀殺人之計。

岳飛大敗匪寇

宋高宗紹興二年，土匪頭子曹成聚眾十萬餘人，占據道、賀二州，到處燒殺搶掠，無惡不作。宋廷命令岳飛帶兵前去圍剿。

岳飛率軍來到賀州後，下令安營紮寨，一邊修整，一邊等待時機。一天，岳飛正在大帳中思考計策，忽然有人報告抓住曹成派來的探子。岳飛眉頭一皺，計上心來，叫人把這個探子綁在大帳外面，然後故意叫來管糧草的軍吏。岳飛問：「軍中糧草充裕嗎？」軍吏回答：「糧食快吃完了，怎麼辦？」岳飛說：「那就只好迅速返回茶陵了。」

這些話被那探子聽得一清二楚。深更半夜，岳飛故意讓士兵放鬆警惕，那探子乘隙溜掉。曹成聽了探子的報告，心中大喜，命令人馬休息，準備第二天在半路阻截返回茶陵的岳家軍。正當曹成在夜間熟睡的時候，岳家軍突然出現在他們面前。曹成手下的土匪乃烏合之眾，打了勝仗你爭我奪，見勢不妙便四散而去。聽到岳家軍殺聲震天，這些土匪只顧各自逃命。岳飛很順利地平定了這股匪寇。

王佐斷臂說文龍

南宋時，金國主帥兀朮率兵南侵，與岳家軍對陣於朱仙鎮。金兀朮的義子陸文龍勇猛無比，連敗岳家軍數將。

岳飛見自己的部將戰不過陸文龍，便掛起免戰牌，獨坐後營，苦思良策。部將王佐決心為元帥分憂，他想起古代「要離捨身刺慶忌」的故事，毅然砍下自己的右臂，獨自求見岳飛。岳飛見王佐斷了一臂，大吃一驚。王佐講了自己去金營詐降的打算，請求岳飛允準。岳飛深受感動，流著眼淚答應了他。

王佐辭別岳飛，直奔金營。金兀朮傳令進見。王佐向金兀朮哭訴了自己不幸的經歷：昨夜力勸岳飛與金國議和，岳飛不但不聽，反而將他的右臂砍下，逐出宋營。金兀朮聽了信以為真，留王佐在營中，還給他取名「苦人兒」，下令允許「苦人兒」自由進出各營，為金兵講述岳家軍的情況。

這一天，王佐來到陸文龍的營帳。帳中只有一位老婦人，經打聽才知是陸文龍的奶媽。奶媽是中原人，見了王佐感到分外親切，忍不住把陸文龍的真實身分悄悄告訴了王佐。

原來，陸文龍本是宋朝潞安州節度使陸登的兒子。十三年前，金兀朮攻陷了潞安州，陸登率眾拚死抵抗，最後與夫人一起自殺殉國。金兀朮為收買人心，將陸文龍收為義子，並把陸文龍及其奶媽送到金國。陸文龍在金國生活了十三年，根本不知道自己的身世。

王佐聽了大喜。正在這時，陸文龍回來了。陸文龍一見王佐，就讓他講故事。王佐講了兩個故事：一個叫「越鳥南歸」，說的是越國的西施帶鸚鵡到了吳國，鸚鵡從此不再說話，直到西施回到越國，它才開口說話；另一個叫「驊騮向北」，說的是楊家將孟良從遼國帶一匹馬回宋京，不料那馬整天向北嘶叫，不吃不喝七天後餓死。陸文龍聽了，不知道王佐為什麼要講這種故事。

第二天，王佐帶著一幅陸登夫婦殉難的畫來見陸文龍。他把當年的情況原原本本講給陸文龍聽。這時，奶媽走出來，又向陸文龍哭訴一遍。陸文龍這才如夢方醒，他拜謝王佐：「不孝之子，今日幡悟。恩公點撥，永世不忘。」說罷，拔出劍要去殺金兀朮。王佐急忙把他攔住：「金兀朮帳下人多，防範甚嚴，如此盲動，反受其害。此事還須從長計議。」

過了幾天，金兀朮從金國運來一批鐵浮陀。這是一種威力很大的火炮，準備第二天轟擊宋營。當晚，王佐和陸文龍帶著奶媽逃出金營，回到宋營。岳飛看到王佐說服了陸

文龍，心裡十分高興，又令所有營帳虛設旗幟，全軍退入山中。

第二天，金兵推出鐵浮陀炮轟宋營。霎時間，山搖地動，硝煙瀰漫。放炮的金兵以為宋軍已全軍覆沒，把炮丟在一邊，回營報功去了。埋伏在附近的一支宋軍一擁而上，將鐵浮陀推進河裡。

王佐使用苦肉計不僅說服了陸文龍，為岳家軍添了一員大將，而且及時報信，使岳家軍免遭鐵浮陀的轟擊，可以說用一條手臂救了六七十萬人的性命。

辛棄疾千里奔襲擒叛徒

愛國志士辛棄疾在二十一歲時投奔了農民領袖耿京領導的抗金起義軍。為了與南宋朝廷取得聯繫，耿京派辛棄疾帶一支隊伍南下去建康朝見宋高宗。宋高宗接見了辛棄疾，讓辛棄疾轉告耿京把隊伍帶到南方來，可是，當辛棄疾回到海州（今江蘇海連）時，忽然得知一個噩耗：耿京已被叛徒張安國殺死，張安國率軍投降了金軍！

辛棄疾悲憤地說：「我們與耿大哥生死與共共同抗金，如今耿大哥被賊人殺害，不為耿大哥報仇，還有何面目活在人世間！」

隨辛棄疾同行的統制王世隆和義軍領袖馬全福說：「我們是奉皇上詔令見耿元帥，請耿元帥把隊伍帶到南方的，如今隊伍已散，只有擒住張安國，方可向皇上覆命。」

但是，張安國已隨金國大軍北撤。辛棄疾身邊不過千餘人馬，要想從金國的千軍萬馬中活活擒住張安國，再帶出金營，談何容易！

辛棄疾道：「兵貴勇，不貴多。我們挑選一支精兵，千里奔襲，追上張安國。張安國在金軍大營中肯定不會有任何戒備，金軍也絕對不會料到竟會有人深入他們的腹地發起奇襲。這樣，定可一舉成功！」

王世隆、馬全福及義軍將領齊聲贊同。

辛棄疾立刻挑選輕騎五百，備足乾糧，日夜兼程，終於在濟州（今山東巨野縣）趕上了金軍大隊。時值夜幕降臨，金軍營中一派安寧景象，張安國與金軍主將正在大帳中飲酒作樂。辛棄疾帶領五百輕騎疾風般地衝入金軍大營，殺入大帳中，金軍主將見勢不妙，慌忙扔下張安國，溜出大帳，張安國則嚇得渾身發抖，不知所措，被辛棄疾一腳踢翻在地。輕騎隊員們迅速把張安國捆綁上馬。辛棄疾一馬當先，殺開一條血路，率領五百輕騎，追雲逐電般地衝出金軍大營，消失在茫茫原野中。待金軍主將集合好人馬，氣勢洶洶地衝出大營時，連辛棄疾等人的影子也看不到了。

辛棄疾與五百輕騎押著張安國，回到建康，將張安國交給朝廷，並向宋高宗稟報了耿京遇害經過。宋高宗下詔將叛徒張安國斬首示眾，為耿京報了仇，又下詔封辛棄疾等大小義軍將領為朝廷官員。辛棄疾從此在南宋朝廷為將。

狄青擲錢穩軍心

北宋時期，南方廣源州的儂智高起兵反叛朝廷，宋仁宗派大將軍狄青前去平定。

狄青率大軍離開桂林後，由於山路艱險，一些士兵開了小差，而且，日落日出，開小差的現象一天比一天嚴重，即使嚴加懲處，也收效不大。狄青手下有個多才多智的謀士，叫做劉易，狄青向劉易請教對策，劉易搜腸刮肚，終於想出一條妙計。

幾天後，大軍在途中休息。狄青召集身邊的將士，對他們說：「此次遠征，山高水險，路途坎坷，吉凶難卜，難怪弟兄們開小差。我現在想借助神明來測知吉凶，我把一百個銅錢扔上天空，待它們落到地上，如果個個面朝上，那就是吉，我們就進軍；如果有一個銅錢不是面朝上，那就是凶，我們就班師回朝，諸位意見如何？」眾將士齊聲說「好」。

狄青命令一名親兵拿來一袋銅錢，狄青伸手從袋子中抓了一把，數足是一百個，攥在手中，然後閉上雙眼，虔誠地禱告：「神明保佑！神明保佑……」

將士們一個個瞪大眼睛，望著狄青。

突然，狄青睜開兩眼，將一百個銅錢拋入空中，待銅錢落地，將士們紛紛跑上前觀

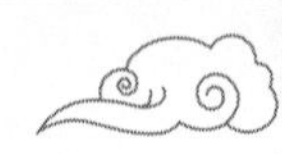

看——一百個銅錢個個面朝上！頓時，「神明保佑」的歡呼聲響震山谷，三軍將士無不歡欣鼓舞。

狄青向天空中跪拜致意，然後命人拿來一百支釘子，把一百個銅錢釘在地上，又用青紗罩在上面，還親自動手加了封，最後，再次禱告：「待大軍得勝回朝，一定用厚禮祭奠神明，到那時再取回這些銅錢！」

其實，這是謀士劉易借助將士們迷信鬼神的心理來穩定軍心的一條「詭計」——因為所有一百個銅錢的上、下都是「面」，銅錢和「將士」都是事先精心安排好的。

果然，狄表擲銅錢以後，士氣高漲，再也沒人開小差。狄青指揮三軍迅速南進，一舉平定了儂智高的叛亂。

李從珂與後唐興亡

五代後唐的李從珂從小就跟隨唐明宗李嗣源南征北戰，立下汗馬功勞，被封為潞王。李嗣源死後，其子李從厚即位，史稱閔帝。閔帝年紀小，朝政全由朱弘昭等人把持。朱弘昭將朝廷重臣貶的貶、黜的黜，李從珂難逃厄運，於是在鳳翔（陝西鳳翔縣）起兵。朝廷聞報，立即派西都留守王思同領兵征討。

鳳翔城牆低矮不堅，護城河也很淺。王思同沒費多少力氣就連克鳳翔東西關城，直逼鳳翔城下。李從珂見形勢險危，冒險登上城樓向城外將士呼喊道：「我從小就跟隨先帝出生入死，打下今天的江山，如今朝廷奸邪之人當道，挑撥我們骨肉之情，我有什麼罪過，非要置我於死地呢？」說罷，聲淚俱下。

王思同帶來的兵將都曾跟隨李從珂出征過，十分同情李從珂。御林指揮使楊思權本來就跟朱弘昭不合，乘機大喊道：「大相公（即李從珂）才是我們的真正主人啊！」率領自己的部隊投降了李從珂。楊思權進入鳳翔城，呈上一張白紙，要求李從珂在攻克京師後封他為節度使。李從珂當即在白紙上寫下「思權可任鄰寧節度使」九個字，把紙交還給楊思權。消息傳到其他還在攻城的將士中間，步軍左廂指揮使尹暉嚷道：「楊思權已經入城受封了，我們還拼什麼命啊？」將士們聞言，紛紛扔下兵器，要求歸順李從珂。王思同見大勢已去，只好拋下軍隊逃命去了。

李從珂由敗轉勝，喜從天降，傾盡城中財物犒賞各將士。李從珂又發布東進命令：凡攻入京都洛陽者，賞錢百緡（一千文為一緡），將士們歡聲雷動。

王思同逃回洛陽，閔帝驚惶失措。侍衛親軍都指揮使康義誠率兵去征討李從珂，結果全軍投降了李從珂，引導李從珂殺入洛陽。在這種情況下，太后被迫下令廢除閔帝，立潞王李從珂為皇帝。李從珂即位後，下詔打開庫府犒賞將士以兌現出征時的諾言，哪知道庫府空空如也，而犒賞所需費用高達五十萬緡。李從珂以各種手段搜刮民財，逼得老百姓上吊投井；又把宮廷中的各種器物，包括太后、太妃的簪珥都拿了出來，才勉強湊了二十萬緡，還缺五分之三。

端明殿學士李專美勸說李從珂道：「國家的存亡在於修法度、立綱紀，如果一味犒賞，即使有無窮的財寶也填不滿驕兵的欲壑。」

李從珂認為李專美言之有理，對士卒不再一味縱容，但他唯恐有亂，不敢從根本上修法度、立綱紀，對違法亂紀行為也是大事化小、小事化了，一味遷就。

李從珂即位後的第三年，河東節度使石敬塘興兵造反。由於李從珂治軍不嚴，綱紀

不明，派出去平叛的隊伍一意孤行，降的降，逃的逃，通敵的通敵，石敬瑭長驅直入洛陽，李從珂含恨登樓，舉火自焚，後唐從此滅亡。

成吉思汗識破詭計

西元一二〇六年，鐵木真當上了蒙古部落的可汗，被尊稱為「成吉思汗」。本部的元老扎木合看到成吉思汗的勢力不斷發展壯大，唯恐自己的力量遭到削弱，因此對成吉思汗懷恨在心。

一天，成吉思汗騎著駿馬，肩背雙弓，臂架獵鷹，帶著一群士兵來到孛爾罕山打獵。扎木合知道後，決定趁此機會謀害成吉思汗。他命人在成吉思汗狩獵歸來的途中搭了一個漂亮的雕花帳篷，帳篷裡挖了一個很深的陷阱，陷阱裡插滿了槍尖，然後在陷阱上面裝上翻板，鋪上地毯，還在帳篷裡準備了一桌美酒佳餚。

扎木合在十幾年前與成吉思汗結拜了兄弟，深知成吉思汗是一個重情義的人，於是他以祭盟之日為藉口邀成吉思汗到帳篷中用餐。成吉思汗在歸途中得到扎合的邀請，二話沒說就來到了扎木合的帳篷。

進入帳篷後，扎木合面堆笑容對成吉思汗說：「今天是祭盟之日，望仁兄開懷暢飲，一醉方休！來，請上座！」正要入座時，成吉思汗的獵鷹突然飛下來，追逐一隻鑽進地毯裡面的老鼠。扎木合大驚失色，急忙割了一塊肉扔給獵鷹。就在這一瞬間，成吉

思汗已發現地毯下有陷阱。

但是，成吉思汗仍裝出一副若無其事的樣子，對扎木合說：「你是兄長，當坐上席。」他一邊說一邊用力將扎木合推到座上，只聽「撲通」一聲，扎木合掉入陷阱，裡面傳出一聲淒厲的慘叫。

扎木合花言巧語，笑裡藏刀，想致成吉思汗於死命，以絕後患。而成吉思汗在危急時刻，並未驚慌失措，而是將計就計，使扎木合落入他自己設下的陷阱。

一、軍事韜略

二、軍事典故

網開三面

湯見祝網者置四面，其祝曰：「從天墜者，從地出者，從四方來者，皆離吾網。」湯曰：「嘻，盡之矣！非桀其孰為此也？」湯收其三面，置其一面。——《呂氏春秋．異用》

《呂氏春秋》中這段話的大意是說，把捕捉禽獸的網打開三面。後多用來比喻對犯錯誤或有罪之人寬大處理。這是關於「網開三面」這個典故的最早記載。今天我們常說「網開一面」，其實是由「網開三面」演變而來的，說的是同一個意思。那麼，這個典故與軍事又有什麼關係呢？

這得追溯到上古夏朝的末代，當時的天子桀是中國歷史上惡名昭彰的昏君。他暴虐無道，不理朝政，成天和寵愛的妃子妹喜在傾宮中尋歡作樂，過著極其荒淫糜爛的生活。為博得妹喜的歡心，桀命人在傾宮的花園裡挖一個大池子，裡面灌滿美酒，池邊的樹上掛滿肉脯，叫做「酒池肉林」。每天，他與妹喜在池上泛舟，看宮女們趴在池邊飲酒，採摘肉脯；還下令民間每天進貢一百匹帛來，讓力氣大的宮女撕給妹喜聽。

大夫關龍逢看不下去，冒死勸諫。桀勃然大怒，當場就將關龍逢斬首。從此，再也

沒人敢直言進諫。老百姓的生活苦不堪言。

當時，在夏的東面有一個諸侯國叫商，商的國君是湯，非常賢明。他極力實行仁政，團結鄰近的諸侯，使商的國力日益強盛。

湯在伊尹的輔佐下，團結了中原地區的許多諸侯國，積極進行著滅夏的準備。可是，漢水以南還有四十個諸侯國沒有歸附，使湯不敢貿然興兵。

一天，湯到郊外散步，看見一位獵人在野地裡張網。獵人把四面的網張好以後，拱手對天禱告說：「天上掉下來的，地裡跑出來的，四方經過的，通通進入我的網裡來！」

湯聽了禱告，就說：「嘿，這麼一來，所有的飛禽走獸不都一網打盡了嗎？除了桀以外，誰會這樣做呢？」於是，湯命令獵人把網撤掉三面，只留下一面來捕捉禽獸。

商湯「網開三面」的事，很快傳到了漢水以南，感動了所有的諸侯。大家都說湯是一位賢君，連禽獸都不忍心多加傷害，紛紛表示願意歸附。

湯得到了漢南諸侯的擁戴後，立即出兵討伐夏桀。夏朝的軍隊被打得落花流水，桀也當了俘虜，後被商湯放逐到南巢，就是現在的安徽巢縣西南，後來就死在那裡。湯滅了夏以後，建立了商朝。

同心同德

受（紂）有億兆夷人，離心離德；予有亂臣十人，同心同德。——《書．泰誓》

這段話就是「同心同德」這個典故的最早出處。它的意思是：商紂王雖然俘虜了很多奴隸，編入軍隊，但周武王有能夠治理國家的良臣，並人心一致，行動統一。「亂臣」在這裡指「良臣」。

這個故事源於西元前十一世紀，在中國歷史上屬商朝的末期。當時，商紂王暴虐無道，陝西有個姓周的部族首領叫姬發（周武王），他開始興兵討伐紂王。

周武王親自率領三百輛戰車，三千名勇士，還有四萬五千名穿著盔甲的士兵出潼關，駐紮在黃河北岸。

周武王知道，對付紂王，光憑自己手中的這點兵力還是不夠的。所以，他又聯合了西南的八個部族，在距當時的商都——朝歌七十里的牧野（今河南淇縣西南），舉行誓師大會，聲討紂王的罪行。

周武王在這個誓師大會上宣讀的誓詞名叫《泰誓》，「同心同德」就出自這裡邊。《泰誓》中稱，紂王雖然有很多的奴隸，但他們思想不統一，信念也不一致；而我方雖只有治國的能臣十人，但思想統一，信念一致。《泰誓》中接著還有一段話：大家要團結一心，為同一個目標共同戰鬥，就一定能夠取得勝利，建立功勛，讓天下永遠享受太平。

當時所有的將士，聽了周武王的誓詞後，鬥志昂揚，軍心大振。此後，在牧野與前來應戰的商朝大軍展開了血戰——這就是歷史上著名的「牧野之戰」。商朝的將士和奴隸不願為紂王賣命，在激烈的戰鬥中紛紛倒戈，發動起義。結果是紂王兵敗自焚，商朝從此滅亡了。周武王建立了新的王朝——周朝。

紂王與民眾離心離德，最後國破身亡；武王與民眾同心同德，取得了勝利。一反一正，兩相對照，我們不難發現，一個國家民族內部團結，同心同德，該是多麼重要。

脣亡齒寒

晉侯復假道於虞以伐虢。宮之奇諫曰：「虢，虞之表也；虢亡，虞必從之。……諺所謂『輔車相依，脣亡齒寒』者，其虞、虢之謂也。」——《左傳．僖公五年》

上面這段話的中心意思是：失去了嘴脣，牙齒就會感到寒冷，用之形容利害休戚相關。這是「脣亡齒寒」這個典故的最早文字記載。

故事說的是春秋時期，強大的晉國想一舉消滅自己周圍相對弱小的兩個小國——虢國和虞國。晉國的國君晉獻公與大臣們商量，大臣們建議：

虢國和虞國相互依存，並而去之，困難太大。最好藉口攻打虢國，向虞國的國君虞公借道，這樣就可以今日「取虢」而明日「取虞」，一箭雙鵰。晉獻公一聽，覺得這個計謀雖然很好，但不知道虞公肯不肯借道！大臣荀息說，虞公這個人很貪財物，如果你送上美玉良馬，虞公不會不答應的。這良馬和美玉，是晉獻公最珍愛的兩件寶貝，晉獻公很捨不得。荀息又進言道：「等滅了虢國和虞國，這些寶貝還不都是你的。只不過是暫放在他那裡罷了。」

荀息終於說服了晉獻公，帶上良馬美玉出使虞國。虞公一見這麼好的寶貝，頓時眉

開眼笑，答應借道給晉國。

虞國有個大臣，叫宮之奇，趕忙向虞公勸道：「俗話說『脣亡齒寒』，失去了嘴脣，牙齒也就難保了。虞、虢兩國，脣齒相依，虢國一亡，虞國也就跟著完了。借道是萬萬不行的。」

貪財的虞公根本聽不進宮之奇的勸諫，收下了良馬、美玉，讓晉兵借道攻打虢國。宮之奇見虞公執迷不悟，仰天長嘆，為了避免戰亂，只好帶著家眷離開了虞國。

晉軍透過虞國，直接攻打虢國都城。虢軍根本就沒想到晉軍會從虞國那邊打過來，一時措手不及，虢國一下子就被晉軍滅亡了。

晉軍滅掉了虢國，從原路回師，虞公親自到城外迎接晉軍，慶賀勝利。晉軍趁其不備，蜂擁而上，將虞公及其大臣通通捉住，並搜出當初進獻的良馬、美玉。虞公，懊悔當初不聽宮之奇「脣亡齒寒」的勸告，但哪裡還來得及呢？

虞國為了眼前的一點利益，居然拋棄了虢國這個策略夥伴，最終自食亡國之恨，教訓是極為深刻的。

退避三舍

晉、楚治兵，遇於中原，其辟君三舍。——《左傳．僖公二十三年》

《左傳》中的這段文字意思是說，晉國和楚國交戰於中原地區，晉軍主動退師迴避九十里。古漢語中的「辟」跟我們今天的「避」，「舍」是春秋時期表示軍隊行軍作戰距離的計量單位。一舍相當於三十里。故事呢，要從重耳亡楚開始說起。

春秋時期，由於權位之爭，晉獻公的兩個兒子，申生被殺，重耳為躲避陷害，被迫遠走他國。在楚國避難時，楚成王以禮相待，不僅陪著重耳打獵聊天，而且吃、住均享受王侯的待遇，有國不能回的重耳很是感激。在一次招待重耳的宴會上，酒過數巡，楚成王漫不經心地對重耳說：「公子將來如果回到晉國，有朝一日做了國君，怎樣報答我呢？」重耳說：「各種寶物你都有，我真不知道用什麼東西報答你。」楚成王笑著說：「即使這樣，也一定要有所報答呀。」重耳回答：「如果仰仗你的威力，我能夠復國，願與楚國交好，使百姓安居樂業，要是萬一發生戰爭，戰場上我願退避三舍以報答你的大恩。」

西元前六三六年，晉國內部發生動亂，重耳在秦國穆公的支持下，由秦國的軍隊護送返回晉國。強大的秦軍一連攻克晉國幾座城池，朝野震動。人心所向，重耳終於結束了十九年的流亡生活，坐上了國君的位置，稱為晉文公。以後，由於採取了一系列有利發展的內外政策，晉國逐漸強大起來。西元前六三三年，為解救鄰國，晉楚兩國兵戎相見。

兩軍剛紮下營壘，晉文公就急於與楚軍交戰。大臣狐偃提醒他說：「主公當年曾對楚王說過，如果在戰場上相見，晉軍退兵三舍。現在就與楚軍交戰，是言而無信。主公不失信於普通人，更不能失信於楚王。」晉文公認為狐偃言之有理，就下令三軍退兵九十里，來到城濮，也就是今天的山東鄄城西南。楚軍以為晉軍怯陣，跟隨著追上來挑戰。其實，晉軍是把楚軍引入了對自己有利的戰場。

戰爭開始時，楚軍占優勢。晉軍退卻九十里，集中優勢兵力，先選擇楚軍力量薄弱的右翼，給以沉重打擊。同時，將主力偽裝退卻，誘使楚軍左翼追擊，然後兩面夾擊，又擊潰了楚軍的左翼。楚軍終於大敗而歸。主將成得臣自知無顏回國見父老鄉親，但心存僥倖，派兒子成大心代己向楚成王請求免予死罪，楚王不允，成得臣不得不拔劍自刎。

後來，人們就常用「退避三舍」這句成語來表示暫時的退讓和迴避，避免衝突，以至最終化被動為主動這樣一種狀態。

居安思危

在中國歷史上，「居安思危」的軍事思想一直為歷代兵家所推崇和遵循，成為重要的治軍之道。「居安思危」最早見於《左傳．襄公十一年》，而第一個明確使用這個概念的人，是春秋時期的魏絳。

魏絳是晉國人。曾任中軍司馬，新軍佐將。他治軍嚴格，頗有策略頭腦，為使晉國在與南面的楚國爭霸鬥爭中處於優勢，周靈王二年，也就是西元前五七〇年，他向晉國國君晉悼公提出了聯合諸戎、穩定北方的策略。晉悼公採用了此計。由於對北方的策略更加明確，晉國無後顧之憂，所以能舉其全力南向，勢力更加強大，一些弱小國家也紛紛倒向晉國。

晉悼公把晉軍分成三部分，輪換與楚軍作戰，並三次聯合齊國、魯國、宋國、吳國的軍隊，興師討伐徘徊於晉國與楚國之間的鄭國，從而使得鄭國最終請和晉國，晉國確立了中原霸主的地位。鄭國在請和晉國時，送給悼公一大批禮物，包括許多樂器、樂師。晉悼公將一半賜給了魏絳。悼公高興地對魏絳說：「晉國今天取得的勝利，是你的功勞，讓我們共同來享受這些美妙的音樂吧！」

而魏絳在勝利面前頭腦卻十分清醒，不居功自傲，還說這功勞應歸於各位卿大夫。他告誡悼公在享受幸福的生活時，一定要想到它的最終結果。魏絳很有見地地指出：「別看我們晉國現在國泰民安，繁榮昌盛，但是，在安定太平的時期，您要想到戰爭的危險。不要因勝利而驕傲，要思則有備，常備不懈，這樣才能免遭禍患，長治久安。」

悼公聽後，深感言之有理，虛心地表示接受。他按照魏絳的「居安思危」思想，安不忘危，保持戒備，使晉國的中原霸主地位一度得到了鞏固。自從魏絳明確使用這個成語典故後，它也成了後人應付戰爭和其他不測之事的常用語，而且作為國防建設方針和治軍原則，一直為歷代兵家所繼承。

如火如荼

這個典故最初是用來形容軍隊的陣容強大，比喻氣勢旺盛。其中的這個「荼」字，在古代指的是茅草的白花。

故事源於春秋的後期，西元前五〇六年。當時，吳國在大破楚國後，又戰勝了越國。西元前四八四年，吳王夫差又打敗了齊國，接著，夫差分別會見魯國、衛國的國君，打算建立一個諸侯聯盟，跟晉國爭奪中原的霸權。

西元前四八二年，吳王夫差約魯國的國君魯哀公、衛國的國君衛出公一造成衛國去開會。夫差還請晉國的國君晉定公也一起前往。但晉定公並不想去，可是他又怕得罪了夫差，因為這個時候，吳國的國力比較強盛。於是，晉定公只得帶了大隊的人馬護駕。

會盟開始後，快要訂盟約時，各國為了前後的排列次序問題，爭得面紅耳赤，互不相讓。主要的焦點集中在吳國和晉國之間。晉國向來是諸侯的領袖，不肯排在吳國的後邊。吳王夫差就翻出「老黃曆」，說吳國的祖先比晉國的祖先長三輩。

吳、晉兩國誰也不肯讓步。這個時候，吳王夫差接到密報，說越王勾踐率大軍攻打吳國報仇來了。夫差大為震驚，一怒之下，竟然把報信的人都殺了。

夫差怕各國諸侯，尤其是晉國，知道這個消息後瞧不起自己，只能假裝鎮定，繼續開會。可是壞消息一個接一個地傳來：先是說太子戰死了，又說京城也被攻占了。夫差氣得一口氣連殺了七個報信的人。他急忙找身邊的謀臣王孫雒商量。王孫雒說：「我們現在是只可進而不可退。必須結了盟後，取得盟主的地位，才能回去。不然的話，會讓各路諸侯看不起，說不定有的人還想趁機從背後襲擊我們，那不就完了。只有取得盟主的地位以後，才可以借天子之名，聯合各諸侯，討伐越國。現在，取得盟主之事主要是晉國從中作梗，只要晉國服了，其他諸侯哪個還敢說不呢！不如把我們現在手頭的軍隊集合起來，向晉定公帶來的軍隊挑戰，逼他讓我們來當盟主。」

夫差覺得也只好這樣了。在當天半夜的時候，他下令全軍分左、中、右三路，每一路一百行，每行一百人，列成方陣，共一萬人，三路方陣加起來總共是三萬人馬。大軍悄悄地開到距晉軍一里遠的地方停下來，擺開陣勢。

吳國中軍全體將士，一律白衣白甲，打著白色的旗幟，背著白色羽毛的箭，看上去就像是遍野盛開的白色茶花。

而左軍一律穿紅色的衣裳，紅色的盔甲，打著紅色的旗幟，帶著紅色羽毛的箭，遠遠望去，如同是一片熊熊的烈火。

右軍呢，則全都是黑色，看起來就好像一大片烏雲。

天剛亮，吳王夫差親自擊鼓鳴金，三萬人馬一齊吶喊，就像是天崩地裂一般。

晉定公他哪見過這陣勢，當時就嚇得魂飛魄散。他身旁的軍師獻計說：「我們還是先答應夫差，讓他早點走吧。定公你放心，只要他一回國，保準被越王勾踐滅了。那時，我們不就又是老大了嗎？」

很可惜，夫差「如火如荼」的盛大軍容僅是曇花一現。此後沒幾年，吳國被越王勾踐所滅。但是「如火如荼」這個典故，卻傳了下來，而且作為褒義形容詞一直沿用到今天。

百步穿楊

萬人齊看翻金勒，百步穿楊逐箭空。——李涉《看射柳枝》

這個典故的典源有二。一個是在《戰國策．西周》中，原文是：

楚有養由基者，善射，卻柳葉都百步而射之，百發百中。

另一處的記載是在《史記．周本紀》中，說的是養由基站在離楊樹葉百步遠的地方，用箭射飄落在空中的楊樹葉子，每次都能射中。它的本意是說射箭的技藝高超，泛指本領高明、技藝好。今天我們常用它比喻能夠達到預期目的，不會落空。

春秋時期有個楚國人，叫養由基，又叫養叔。他年輕的時候，勇力過人，射得一手好箭。

有一天，鄰里的很多年輕人都聚集在一塊空場地上練習射箭，周圍還有很多人圍著看熱鬧。這些年輕人在五十步開外的地方，設了一個靶子，比誰射箭射得最準。其中有個射手，開弓連射三箭，箭箭都命中靶心，博得滿場喝彩。

養由基看到大家都讚揚那位射手的射法，就站出來說：「射中五十步遠的靶子，沒啥稀奇的，我們來個百步穿楊吧！」他讓人在一百步以外的一棵楊樹上選定一片葉子，

塗上紅色的記號，然後對大家說：「能夠射穿那片楊葉，才是真正的好漢！」

剛才射中靶心的那位射手，毫不示弱地站了出來，瞄準楊樹葉連射三箭。沒想到，三箭連個楊樹葉邊都沒擦著。其他的人一看這情景，都愣住了，誰也不敢再站出來比試。

這時，養由基向人群環視了一下，從容不迫地抽出箭搭上弦，只聽「嗖」的一聲，那支箭把塗了記號的楊樹葉射了個正著。周圍的人群爆發出一片叫好聲。

養由基性致大增，叫射手們把所有的箭都集中到自己的面前，他一箭一箭地朝著隨意看中的楊葉射去，一口氣射出一百箭，箭無虛發，把周圍的人都看呆了。從此以後，養由基百步穿楊的威名很快就傳遍了楚國。西元前五七五年，鄢陵之戰時，晉國的大將魏奇射中了楚王的眼睛。楚王讓養由基回射，他一箭就射死了魏奇。後來，他連射連中，才阻止了晉軍的追擊。由於作戰有功，養由基後被拜為楚國大夫。

養由基「百步穿楊」的典故，在今天的軍營已被另外一個鮮活的詞語取而代之，這個詞語有過當兵經歷的朋友都知道，那就是「百發百中」。

同仇敵愾

「同仇敵愾」這個典故，最早見於《詩經》，意思是指共同一致地對敵人抱著仇恨和憤怒的情緒。由於《詩經》是我國最早的一部詩歌專著，所以這個典故本身並沒有故事。它是春秋時秦軍中非常流行的一首從軍歌，歌名叫《無衣》。西元前六二三年，衛國的亞卿寧俞出使魯國時說過「敵王所愾，而獻其功」。這句話是「同仇敵愾」的典源，但把「同仇」與「敵愾」合為成語則是在西元前五〇六年。

當時，伍子胥為報殺父之仇，率吳國的軍隊攻破楚國的都城後，掘開楚平王的墓，刨出屍首，用鋼鞭把楚平王的屍首打得稀爛，這就是「伍員鞭屍」的典故。伍子胥還不解恨，又要找楚平王的兒子楚昭王討還血債。

伍子胥有個好友叫申包胥，他給伍子胥捎信說：「物極必反，你適可而止吧！」伍子胥不聽，回信說，為報殺父之仇，就顧不得楚國了。申包胥長嘆說：「子胥要滅楚，我豈能坐視不救！」

申包胥知道楚平王夫人是秦哀公的女兒，秦、楚兩國有甥舅之親，所以決定到秦國求救。

申包胥到秦國後，對秦哀公說：「吳若滅楚，便會進一步攻秦，請趕快派兵解救楚國。」秦哀公任憑申包胥怎麼說，就是不表態。

秦哀公讓申包胥先住下再慢慢計議。誰知這申包胥就站在宮廷之中，日夜號哭，他不脫衣，不睡覺，不吃不喝，哭了七天七夜。

秦哀公大為感動，就親自前去安慰申包胥，並唱道：「豈曰無衣？與子同袍。王於興師，修我長矛，與子同仇。……」

申包胥知道這是當時秦軍中的流行歌曲，是一首從軍歌，其歌詞大意是說：有衣同穿，有仇同報，整修武器，準備打仗。他知道秦哀公唱這首歌的意思是同意發兵，便三叩九拜，恢復了飲食。

申包胥終於請得秦兵，挽救了楚國。自從申包胥號哭秦廷後，「與子同仇」便被當時的人們稱道。後人用「同仇敵愾」表達共同一致對敵戰爭的決心。

干戈化玉帛

穆姬聞晉侯將至，以太子罃，弘與女簡璧登臺而履薪焉。……告曰：「上天降災，使我兩君匪以玉帛相見，而以興戎。若晉軍朝以入，則婢子夕以死；夕以入，則朝以死。唯君裁之。」——《左傳．僖公十五年》

干、戈，是古代的兩種兵器。干是盾，戈是一種不帶銳角的平頭戟，干、戈，在這裡表示戰爭。玉帛中的玉，是指玉器；帛是絲織品，又稱束帛，古代諸侯會盟時常以這兩種物品作為禮物相贈，這裡表示友好。「干戈化玉帛」，意思是指從戰爭轉化為友好。這句成語典出《左傳．僖公十五年》。

春秋時期，秦國的秦穆公對晉國的晉惠公很友好，不僅幫他做了國君，而且當晉國發生饑荒時，還支援了大批糧食，幫助晉國度過難關。可是有一年，秦國遭受災害，向晉國借糧食，晉惠公卻不答應。這下得罪了秦國，秦穆公親率大軍攻打晉國。

兩軍在龍門山擺下戰場。一交手，晉國的軍隊就敗下陣來，慌亂之中，晉惠公的戰車陷在泥坑中，結果被秦軍俘虜。

如何處置晉惠公，秦國的大臣意見不一。有的說，這種忘恩負義的小人該殺；有的說，念秦、晉兩國歷史上就有的婚姻關係，還是放了為好。秦穆公一時拿不定主意，就想把晉惠公帶回國都。他的夫人穆姬聽說這一消息，心裡非常悲傷。原來，穆姬是晉國人，與晉惠公是同父異母的兄妹。她本來就反對秦、晉兩國交兵，現在晉惠公作為階下囚被帶回秦國，更是她的極大恥辱。為此，穆姬領著太子罃、兒子弘和女兒簡璧，穿著喪服，一齊登上後花園的一座高臺，臺下堆積柴草。然後派人去通知秦穆公說：「秦國和晉國本來是友好鄰邦，但卻不能用玉帛相見，而是興師動眾，大起兵戈，廝殺不斷。雖然，這是上天降下來的災禍，不是我所能決定的，但我決意不見作為俘虜的晉惠公。如果你執意帶晉惠公回秦國，早晨你們進入國都，那麼晚上我就自焚而死；如果你們晚上進入國都，那麼我早晨就自焚而死。究竟怎麼辦，你自己拿主意吧。」

秦穆公一聽，一時沒了主意。而晉惠公聽說穆姬為自己求情，更是羞愧得無地自容，當即表示悔過，願與秦國修好。秦穆公決定放晉惠公回國。他先是以賓客相待，派人送上玉帛等禮物；隨後，遣大將公孫枝護送晉惠公回國。晉惠公回到晉國後，也回贈玉帛，托公孫枝帶給秦穆王。以後，秦、晉兩國之間維持了一段時期的和平。

此後，凡是表達一種從戰爭轉化為友好相處的狀態，或是一種希冀和平的願望，

人們往往使用「干戈化玉帛」這句成語。與它相對的，就是成語「兵戎相見」，典出同源，這裡就不再重複了。

止戈為武

「……臣聞克敵必示子孫，以無忘我功。」楚子曰：「非爾所知也。夫文，止戈為武。」——《左傳．宣公十二年》

「止戈為武」，作為成語，在實際生活中使用的並不多，但它卻包含了一個深刻的哲理。意思是說，什麼才算是真正的武功呢？不是打過多少勝仗，而是止息兵戈。

這個典故說的是：春秋時期，楚莊王用武力降伏了鄭國後，就打算撤兵回國。援助鄭國的晉國軍隊趕到時，戰爭已基本平息，晉軍統帥荀林父認為，沒有必要與楚軍再交戰，也準備撤軍。可兩人的部將十分好戰，結果雙方終於打了起來。

楚軍襲擊了晉軍的中軍，荀林父思想準備不足，防禦也有漏洞，在楚軍的攻擊下，造成自己一片混亂。荀林父看楚軍來勢兇猛，一時難以抵抗，就下令說：「快上船過河，先過河的有重賞。」結果軍中士卒爭先恐後登船。先上船的人用戰刀砍斷正在攀舷的士兵手指，一時弄得哀聲震天，士氣大減。駕馭戰車的軍士從陸路慌忙退卻，而馬車又陷在泥坑裡，結果當了楚軍的俘虜，晉軍損失慘重，屍橫遍野，剩下的殘兵敗將趁著天黑渡河，才逃了出來。

楚軍獲得全勝，將士異常自豪。一位將軍建議楚莊王說：「我聽說戰勝了敵人要建築一個紀念物，將來給子孫看，使他們不要忘了先人的武功。我看您也應該這樣做。就把晉軍屍首堆積起來，封土為丘，來紀念這次對晉國的勝利吧。」

楚莊王搖搖頭說：「你哪裡知道啊？你認識『武』字嗎？在甲骨文裡，『武』字是由『止』和『戈』兩字組成的，『止戈』才是武！止息兵戈才是真正的武功啊！武功應該具備七種德行，這就是禁止強暴，消除戰爭，保持強大，鞏固基業，安定百姓，團結民眾，增多財富。現在晉楚兩國交兵，士卒的屍骨暴露在野外，百姓生活不能安寧，這七種德行我一樣也沒有，拿什麼留給子孫，我是沒有武功的。我看，我們還是回國吧。」

楚莊王沒有修築紀念物以表彰這次戰功，很快就班師回國了。

成語「止戈為武」就是由此而來。後人用它表示透過正義的戰爭平息戰禍，最後求得和平。而「武」字的創立正是凝聚了我們的祖先非凡的智慧和對軍事或戰爭行為目的的深刻理解。

圖窮匕見

此典故最早記載在《戰國策．燕策三》中。

這個故事發生在西元前二二七年，燕國太子丹派刺客荊軻和一個叫秦舞陽的助手，去刺殺秦王，秦王就是秦始皇。荊軻、秦舞陽兩人為取得秦王的信任，保證刺殺成功，還帶了秦國叛將樊於期的人頭和藏著匕首的地圖，來到秦國。

秦王在咸陽宮接見了燕國的兩位使者。於是荊軻捧著裝人頭的盒子，秦舞陽捧著地圖上殿。由於秦王一向怕人行刺，所以規定沒有他的命令，任何人上殿都不準帶武器。他的衛士雖然允許帶武器，但只能站在殿外。

荊軻的助手秦舞陽年紀小，沒見過這種警衛森嚴的情景，頓時嚇得直哆嗦，連臉色都變了。幸虧荊軻沉著，才沒讓群臣看出來。

荊軻獻上督亢地圖，秦王喜上眉梢，因為這督亢之地是當時燕國最富的地方。燕國把這麼富裕的地方割讓給秦國，他能不高興嗎？秦王讓荊軻把地圖打開。

荊軻慢慢地把地圖展開，圖展盡時，露出一把明晃晃的匕首。秦王頓時大驚失色。荊軻趁機一下子撲上去，左手一把抓住秦王的袖子，右手緊握匕首向秦王刺去。誰知秦

王力大驚人，掙脫開了，荊軻只撕下了秦王的半隻袖子。

秦王想拔劍自衛，但寶劍太長，越急越是拔不出來，只得繞著殿上的柱子來回躲閃，殿前的衛士因為沒有命令，誰也不敢上殿。荊軻不顧一切地追著秦王，眼看就要刺著了。正在這時，秦王的御醫急中生智，將藥箱砸向荊軻，荊軻一愣，秦王趁機拔出寶劍，一劍就砍斷了荊軻的左腿。荊軻忍著劇痛，用力將匕首投向秦王，秦王一閃，匕首刺中了銅柱。

秦王又驚又恨，舉劍向手中已無寸鐵的荊軻連砍八劍，最後荊軻被一擁而上的衛士亂刀砍死。

太子丹指使荊軻刺殺秦王的事件，引發了秦王提前滅掉燕國的軍事行動。第二年，燕國就被秦滅亡了。

這個典故，在最早的時候，是屬褒義；後來經過演變，成了貶義。比喻事情發展到最後，形跡敗露，真相和本意就完全暴露出來。

完璧歸趙

相如曰：「王必無人，臣願奉璧往使。城入趙而璧留秦；城不入，臣請完璧歸趙。」——《史記．廉頗藺相如列傳》

這段話的意思是說，藺相如對趙國的國君表示，自己願意帶著和氏璧去秦國換十五座城池。如果秦國不給城，他會把和氏璧完好無損地帶回趙國。

戰國時，秦國的秦昭王聽說趙國得了個稀世之寶——和氏璧。此物呈平圓形，中間有個孔，是稀有的玉。秦昭王非常稀罕這個寶物，就派人送信給趙國的趙王，表示秦國願意以十五座城池來交換和氏璧。

當時，秦國非常強大，趙國比較弱小。趙王怕得罪秦國，找來大臣們商量，想找一個合適的人出使秦國。這時，趙國宮中太監總管繆賢向趙王推薦藺相如。說這個人膽大心細，足智多謀，由他來作為使者肯定能勝任。趙王正急得沒有辦法，就同意了，讓人請來了藺相如。

趙王見了藺相如後就問他：「你說，秦國的秦昭王想用十五座城池來跟我換和氏璧，是跟他換呢，還是不跟他換？」藺相如想了想，說：「秦國那麼強大，不能不給。」

其實趙王也知道不給不行。於是他又問藺相如：「如果秦王得了璧，不給我城，怎麼辦？」藺相如說：「秦國主動提出來以城換璧，如果趙國不給璧，那是我國理虧；如果趙國給了璧而秦國不給城，那就是秦國理虧。權衡一下得失，寧可答應秦國，讓它去負不講理的責任。」

趙王想了想，覺得藺相如說得有理。那麼誰來當這個使者呢？藺相如拍著胸脯說：「如果沒有合適的人的話，我就去走一趟吧。秦國如果給我們城，我就把璧留在秦國；秦國如果只想要璧不給城，那我把完整的璧帶回趙國。」於是趙王應允了他的辦法。

藺相如到了秦國後，見到了秦王。秦王一看這和氏璧潔白無瑕、爍爍閃光，真是愛不釋手。他的大臣也紛紛爭相傳看，大臣們看完了，又送到後宮讓姬妾傳看，卻壓根兒不提交城的事。

藺相如見秦王根本就沒有交換的誠意，就心生一計，等和氏璧送回到秦王手中時，他走上前去說：「這璧上有個小斑點，請允許我指給大王看。」秦王便命令侍臣將璧遞給藺相如。

藺相如拿到和氏璧後，頓時聲色俱厲地說：「趙王齋戒五天，親手將國寶交給我，我這才奉璧來到秦國。而大王卻傲慢無禮，坐而受璧，只顧君臣觀賞，卻始終不提交城

的事，可見以城換璧是騙人的託辭。所以，我要將璧收回，大王如果要逼我，我情願和璧一起撞個粉碎。」說著，藺相如裝出真就要撞的樣子。秦王怕和氏璧撞碎，那就太可惜了！忙賠不是。他讓大臣拿出地圖，裝模作樣地把要割給趙國的十五座城池指給藺相如看。

藺相如已經看透了秦王不過是裝裝樣子而已。便說：「和氏璧是天下公認的寶物，秦王也必須齋戒五天，然後以最高的禮節接受它。」秦王一看也沒有其他的辦法，只好答應了。

藺相如料定秦王不可能給趙國十五座城池。當天夜裡，他便派手下化裝成老百姓，帶著和氏璧回到趙國，實現了「完璧歸趙」的諾言。

紙上談兵

趙括自少時學兵法，言兵事，以天下莫能當。嘗與其父奢言兵事，奢不能難，然不謂善。——《史記．廉頗藺相如列傳》

上面這段文字，說的是戰國時期的趙國將軍趙括，很小的時候就習讀兵書，喜歡誇誇其談。有時，就連他的父親——身為趙國大將的趙奢都很難駁倒他。但趙奢堅持認為趙括並無真才實學。

趙奢，通曉兵法，英勇善戰，當時很受趙國國君趙惠王的器重，被趙惠王封為馬服君，地位與廉頗、藺相如並列。

趙奢的兒子趙括，從小喜歡讀兵書，有的兵書，他能大段大段地倒背如流，就連他的父親趙奢也說不過他。日子長了，趙括便以為天下沒有人能比得上自己了。

趙括的母親看到兒子這樣，認為很有出息，不免常常在丈夫面前誇耀。誰知趙奢卻不以為然地說：「用兵事關國家安危，他卻說得那麼簡單容易，實際上他只會紙上談兵。將來如果趙王讓他領兵，必敗無疑。」

西元前二六〇年，秦國發兵侵略趙國，趙國的新君趙孝成王派老將廉頗迎戰。

廉頗一看秦軍太強大了，就在長平，也就是今天的山西高平縣北固守，一守就是三年。

秦軍遠道而來，本想速戰速決。現在，廉頗堅守不出，一時無法取勝，就派人到趙國去散布謠言，說廉頗老了，膽也小了。如果派趙括擔任主將，秦軍必敗。

趙國的國王果然中了計，準備起用趙括做主將。大臣藺相如和趙括的父親都勸趙王，說趙括沒有實踐經驗，只會紙上談兵，萬萬不能作為主將。但趙王是死活也聽不進去，不僅任命趙括為主將，還賞了好多的黃金、絲綢給趙括。

趙括到了長平後，接過了帥印，立即改變了廉頗的兵力部署，一切按兵書上寫的去做。這時，秦國也換了主帥，任命白起為上將軍。白起這個人物可不一般，他曾帶領秦軍轉戰韓國、魏國、楚國，屢戰屢勝。不講實際的趙括，此時卻改堅守為速戰，主動出城與白起硬拚，白起對脫離有利陣地的趙軍予以分割包圍。

四十多天后，趙軍糧盡援絕，軍心渙散。趙括率領一支精兵突圍，還沒沖出多遠，就被秦兵亂箭射死了，這主將一死，群龍無首。趙國四十萬大軍隨後全部投降了秦軍，白起一看這麼多的俘虜，怕看押不住，就把趙國的四十萬將士全部都活埋了。

長平之戰，由於趙括只會「紙上談兵」，而不從實際出發，最終導致了趙軍慘敗。

聲東擊西

「聲東擊西」這個典故最早記載在《通典》一書中，它的意思是用假象來迷惑敵方，造成敵方的錯覺，給敵方以出奇不意的攻擊。

古今關於「聲東擊西」的戰例很多。最早有文字記載的，恐怕要算《戰國策》中講的一個故事。

故事說的是齊威王四年，就是西元前三五三年，魏國圍攻趙國都城邯鄲。趙成侯依仗堅固的城池，與魏軍展開了勢均力敵的攻防戰。由於趙軍孤軍奮戰，傷亡很大，而且糧食短缺，趙成侯便派人去齊國求救。齊國考慮到，如果趙國被魏國吞併，就等於擴大了魏國的勢力，將來勢必對齊國構成威脅。齊王決定出兵救趙。

齊國先是以少量兵力南攻襄陵，以牽制、拖住魏國，堅定趙國抗魏的決心。而齊軍主力則按兵不動，靜觀事態發展，準備待時機成熟時再大舉進兵。這個「聲東擊西」的策略方針是：先讓魏、趙兩敗俱傷，就算邯鄲被攻克，卻不會導致亡國；而匆忙回援的魏軍也將會被齊軍擊敗，從而達到同時削弱趙、魏兩國的目的。齊王命令田忌為主將，孫臏為軍師，統率大軍，日夜兼程，馳援趙國。

田忌打算直奔邯鄲，同魏軍主力交戰。孫臏提出了「批亢搗虛」、「疾走大梁」的策略。他說：「要解開亂成一團的絲線，不能握拳去打；而要排解別人打架，自己不能幫助去打。派兵解圍的道理也一樣，不能以硬碰硬，而應該避實擊虛、避強擊弱，擊中要害，使敵人感到困難，有後顧之憂，自然就會解圍了。現在魏、趙兩國相攻，魏國的精銳部隊都在趙國，留在國內的都是一些老弱殘兵。如果我們迅速向魏都大梁挺進，魏軍必然回兵自救，我們就可以一舉解救趙國之圍，同時又讓魏軍疲於奔命，我們就很容易打敗他們。」

田忌採納了孫臏的計策，迅速率主力直奔魏國都城大梁。魏將龐涓得知消息後，大驚失色，只好以少量兵力留守歷盡艱難剛剛攻下的邯鄲，主力急忙回救大梁。這時，齊軍已在地勢險要的桂陵設伏，將長途跋涉已疲憊不堪的魏軍打了個措手不及，魏軍大敗。這就是歷史上著名的「圍魏救趙」的故事，也是「聲東擊西」的經典戰例。

傷弓之鳥

傷弓之鳥，落於虛發。——《晉書．苻生載記》

《晉書．苻生載記》中的典故，叫「傷弓之鳥」。很多人認為這就是關於傷弓之鳥典故的最早記載。其實《晉書》中記載的並不是典源，而是引用《戰國策．楚策四》中的故事。原文是這樣的：

雁從東方來，更羸以虛發而下之。……對曰：「其飛徐而鳴悲。飛徐者，故瘡痛也；鳴悲者，久失群也。故瘡未息而驚心未至也，聞弦音，引而高飛，故瘡隕也。」

這段文字就是「傷弓之鳥」典故的由來。意思是指受過傷的鳥，比喻經過禍患，遇事猶有餘悸的人。

戰國後期，秦國為了兼併天下，頻繁地向東方各國發起進攻。強大的秦國把各國的軍隊打得喪魂落魄，就連兵多將廣的楚國也接連戰敗，楚國的臨武君等人也都成了敗軍之將。

西元前二四一年，楚、趙、魏、韓、衛五國，為遏制秦國，決定再一次合縱抗秦。這五國中，由於楚國的軍事實力最強，便一致推舉楚王為合縱長。

聯軍組建後，趙孝成王認為，如果沒有智勇雙全的大將來統一指揮，還是不可能戰勝秦軍。於是，趙孝成王就特意派魏加出使楚國，試探楚國準備讓誰來擔任聯軍的統帥。

當時，春申君黃歇執掌著楚國的軍政大權。魏加見到春申君後，就坦率地問楚國有沒有能當聯軍統帥的大將？春申君說他準備讓臨武君來領兵。魏加聽後，很不以為然。他說：「我很小的時候就喜歡射箭，我跟你講個射箭的故事吧。」春申君說：「當然可以。」魏加說：「有一天，魏國有個叫更羸的人，陪魏王在主宮一處高臺上遊玩，天空不時有群群飛鳥掠過。更羸對魏王說：『臣可以只拉弓，不發箭，就射落天上的飛鳥。』魏王以為更羸是在說笑。過了一會兒，有隻大雁從東方飛來。」這隻雁飛得很慢，叫聲淒厲。更羸便把弓拉滿弦，手一鬆，只聽「崩」的一聲，那隻大雁就掉了下來。魏王驚嘆不已，忙問其中的奧妙。更羸不慌不忙地說：『實不相瞞，這是一隻受了傷的大雁。我見它飛得很慢，是因為它的舊箭傷還在作痛；它的鳴叫聲淒厲，那是因為它久已失群；它的舊傷還沒有痊癒，心裡還有餘悸。所以，一聽到弓弦的聲音，就急忙高飛，結果引發了舊傷迸裂，支持不住，就掉了下來。』」

講完「傷弓之鳥」的故事後，魏加這才言歸正傳，對春申君說：「臨武君曾被秦國

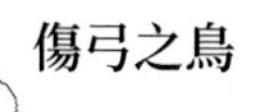

軍隊打敗，這不就像是一隻受了傷的大雁嗎？他至今還心有餘悸，懾於秦兵的威力，又怎麼能領兵抗秦呢？」春申君這才恍然大悟。

後來，春申君聽取了魏加的建議，但合縱抗秦之事，卻以失敗而告終。當秦國大軍出函谷關後，屢戰屢敗的五國軍隊便惶恐不安，紛紛潰退，恰似一群「傷弓之鳥」。

今天，我們把這個典故通作「驚弓之鳥」，正是依據傷弓之鳥典故而來的。

畫蛇添足

楚有祠者，賜者舍人卮酒。舍人相謂曰：「數人飲之不足，一人飲之有餘；請畫地為蛇，先成者飲酒。」一人蛇先成，引酒且飲之；乃左手持卮，右手畫蛇，曰：「吾能為之足。」未成，一人之蛇成，奪其卮曰：「蛇固無足，子安能為之足！」遂飲其酒。——《戰國策．齊策二》

典故「畫蛇添足」出自《戰國策．齊策二》。意思是畫好了蛇卻給添上腳，比喻多此一舉，白費功夫；或比喻做事節外生枝，不但無益，反而壞事。

楚懷王六年，也就是西元前三二三年，楚王派大將昭陽率軍進攻魏國。昭陽大敗魏軍，並奪取了魏國八座城池。昭陽打敗魏軍後，躊躇滿志，又移兵東進，準備攻打齊國。齊宣王得到了這個消息後，急得團團轉，一時不知該怎樣來應付這一突發事件。

這時，一位大臣稟告齊宣王說，秦國的使者陳軫正在齊國，據說陳軫很有口才，不如請他去遊說昭陽退兵。

陳軫也不願看到楚國的勢力過於強大，便答應了齊宣王的要求，去楚營見楚將昭陽。

昭陽久聞陳軫大名，連忙熱情接待。陳軫先對昭陽取得的勝利表示祝賀，然後話鋒一轉，問道：「將軍立下如此之大的功勞，不知回國能封什麼官職？」昭陽得意洋洋地說：「楚王答應封我為上卿。」陳軫又問：「貴國還有什麼官位比上卿更高的嗎？」昭陽回答說：「那只有令尹這個位置了。」當時，楚國宰相的官位稱令尹。陳軫嘆了口氣說：「可楚王不會設兩個令尹呀！」

昭陽聽出陳軫話中有弦外之音，一時又思索不透，便請陳軫指點。

陳軫說：「我給將軍講個『畫蛇添足』的故事吧，或許將軍能從中悟出道理。楚國有個富翁，一天在祭祀儀式結束後，賞給幾個僕人一壺美酒，這幾個人僕人商量起來：『幾個人喝一壺酒，不過癮；要是一個人喝，那才痛快！我們不妨比賽畫蛇，誰先畫完，誰就喝這壺酒。』於是，他們每人折了一根樹枝，開始在地上畫了起來。其中有個人很快就畫完了，拿過酒來準備喝。可他還想賣弄一下自己的本領，說：『我還能給蛇添上腳。』於是，左手拿杯，右手繼續畫蛇腳。這時，另一個僕人也畫完了蛇，就一把搶過酒壺，說：『蛇本來就沒有腳，你怎麼能給它畫上腳呢？』畫蛇腳的僕人自知理虧，只好眼睜睜地看著對方把酒喝光了。」

陳軫講完這個故事，單刀直入地對昭陽說：「將軍大敗魏軍，奪得八座城池，功不

可沒，可以官至上卿。但將軍自恃實力雄厚，又要攻打齊國，我看這就是『畫蛇添足』了。因為，就算你打勝了，回國後仍然是上卿，楚王不會設兩個令尹的職位；而如果你打敗了，功名利祿會隨之蕩然無存，說不定楚王還會處死你。這不是『畫蛇添足』了嗎？」

昭陽聽後恍然大悟，立即停止進兵伐齊，返回楚國。

田光能劍

太子曰：「願因先生得交於荊軻，可乎？」田光曰：「敬諾。」即起，趨出。太子送之至門，戒曰：「丹所報先生，所言者，國大事也，願先生勿洩也。」……見荊軻曰：「願足下急過太子，言光已死，明不言也。」遂自頸而死。——《戰國策．燕策三》

上面的這段文字，就是「田光能劍」的典源。這個典故與荊軻刺秦王有關。

戰國時期，燕國太子丹在秦國作人質，後來找了個機會逃回了燕國。他目睹了秦國的強大和企圖吞滅其他六國的野心，非常憂慮。他找到太傅鞠武商議對策。鞠武說，我聽說燕國有一位田光先生，他智謀深遠，勇敢沉著，是個有膽有識、行俠仗義之士，可以同他商量一下。鞠武叫人把田光請來，太子丹跪在門口迎接，還退著為田光引路；走進內室，又跪在地上，為田光拂拭座席。田光深受感動，得知太子丹要討教抗秦保燕之策，感到自己已經年邁力衰，難以承擔重任，又恐怕耽誤了國家大事，就向太子丹推薦了荊軻。

太子丹說：「我希望透過您與荊軻結交，可以嗎？」田光說：「遵命。」說著立即站了起來，快步走向門外準備去請荊軻。太子丹追到門口，不放心地囑咐道：「我同先生講的話，事關國家的盛衰興亡，希望先生不要洩漏出去。」田光恭敬地彎腰笑著說：「好吧。」

田光禮貌地去見荊軻，對他說：「我同您關係好，燕國可以說是人盡皆知。如今，太子丹要找我替國家出力，但他只知道我年輕時的情況，不知道我現在的身體已經力不從心了。我認為您不是外人，就向太子丹推薦了您，希望您能入宮拜見太子。」荊軻回答：「我聽從您的教誨。」田光接著說：「我聽說品德高尚的人的行為，不應該讓別人產生懷疑。臨來時，太子告誡我，我們所談的一切，都是國家大事，希望先生不要洩漏出去。看來太子還是有些懷疑我。一個人的行為讓別人產生疑慮，這個人就不配做有節操的俠義之士。」田光決定用死來激勵荊軻，堅定他的意志。接著剛才的話題說：「希望您快去拜見太子，就說我已經死了，他可以放心，我不會洩密了。」說完，就拔出寶劍，自刎而死。

這以後，就有了荊軻刺秦王，也就是曾經介紹過的典故「圖窮匕見」。可以說，荊軻刺秦王，是由一系列的俠士以死來實踐的一次悲壯行動，這也是後人感嘆燕趙多慷慨悲歌之士的一個重要原因。田太陽能劍，今天人們多用它來表示一個人信守諾言，即使犧牲生命也不負重託。

人微權輕

穰苴曰：「臣素卑賤，君擢之閭伍之中，加之大夫之上，士卒未附，百姓不信，人微權輕，願得君之寵臣，國之所尊，以監軍，乃可。」於是景公許之，使莊賈往。——《史記．司馬穰苴列傳》

上面這段文字就是成語「人微權輕」的典源。說的是春秋時期的一段故事。

齊景公執政時，齊國遭受到晉、燕兩國的攻擊。齊軍連吃敗仗，丟失了大片土地。齊景公毫無辦法，趕緊找相國晏嬰商量。晏嬰說：「齊軍所以連遭敗績，是因為缺少一位得力的將領。」齊景公深有同感，連問朝中哪位將軍能夠領兵退敵？晏嬰想了想說：「我看田穰苴文能服眾，武能威敵，可以擔此重任。」當時，田穰苴不過是一名下級軍吏，齊景公並不知道他。於是立即派人把田穰苴找來，齊景公當面問了他一些作戰知識，用兵謀略，田穰苴回答得頭頭是道。齊景公十分高興，立即命他為將軍，領兵開赴前線迎擊晉、燕兩國軍隊。

田穰苴拜謝了齊景公，但提出了一個請求。說：「我一向地位卑微，您把我從卒伍之間一下子提拔到大夫之上，恐怕士卒不聽我的，百官不信我的，這是因為人微權輕。

因此，我請求君王派一位您所信賴的，地位又很尊貴的大臣，做我的監軍，才好率軍出征。」

「好啊，那容易啊。就派我的愛臣莊賈去一趟吧！」齊景公當即批准了田穰苴的請求。

穰苴辭別齊景公，又與莊賈商議，決定第二天午時在軍門會合出發。

第二天清早，穰苴帶領軍隊來到軍門，整齊列隊，等候莊賈。他命令侍從官在地上立下計算時間的「表」和「漏」。莊賈是齊景公的寵臣，一向狂妄驕橫，平時把誰都不放在眼裡。這次隨軍出征，親朋好友擺酒送行，他得意忘形，喝到日頭眼看就要偏西了，還沒有離開家門。穰苴全身披掛，站在全軍前頭，看看時辰已過，命令侍從官放倒「表」，倒掉「漏」中的水，宣布說莊賈大人失約了。

一直到傍晚時分，莊賈才大模大樣地來到軍門。他剛從車上邁下來，穰苴便迎上去，問道：「莊大人為何來遲？」

「哈哈，親朋餞行，挽留些時候……」

「做將軍的，從受命之日起，就應忘掉家庭，軍人到了軍營就應忘掉親朋，戰士聽見戰鼓就應忘掉自己。眼下敵軍入侵，國內動盪，士兵戰死在邊疆，君王寢不安席，食

不甘味，百姓的性命都繫在我和你的身上，你怎麼能為酒宴而違犯軍法」

莊賈毫不在意地說：「別危言聳聽了，你才當了幾天統帥呀！」

穰苴正言厲色地喝道：「軍正，約定時間而遲到者，按軍法該如何處置？」

負責執行軍法的軍正響亮地回答：「當斬！」

兩名武士立即上來把莊賈捆綁了。莊賈的隨從看到情況不妙，騎馬趕回宮廷報信。可還沒等報信人回來，穰苴已經下令把莊賈斬首了。

一會兒，齊景公派廷衛官，帶著「赦賈」的命令飛馬趕來，直接闖入軍中。可還沒等廷衛官開口，穰苴又問：「軍正，縱馬馳人軍營，該受什麼處罰？」

「當斬！」

當時把廷衛官嚇了個半死。穰苴說：「你是齊王的使者，不可以殺。我看就把你車上左邊的馬殺了，代替你伏法吧。」

這樣一來，真可以說是三軍為之震動。將士們個個奮勇殺敵，不久就擊退了晉、燕兩國的軍隊，收回了失地。穰苴凱旋時，齊景公親率百官到郊外迎接，並提升他為掌管全國軍隊的大司馬。也許是這段典故給後人留下的印象太深，久而久之，人們把穰苴的田姓忘記了，直接用司馬官銜稱謂他，這樣，田穰苴就演變成了司馬穰苴。

成語「人微權輕」就是由此而來，後人常用它來說明資歷名望淺、權威不足以服眾。這句成語後來又演變成「人微言輕」。意思也就轉變為地位低的人，言論、主張不受人重視。

困獸猶鬥

公曰：「得臣猶在，憂未歇也。困獸猶鬥，況國相乎？」——《左傳．宣公十二年》

這段文字的意思是說，處在困境中的野獸，還要拚死掙扎一番，何況一個國家的執政者呢！

這句成語的典源與我們曾經講過的「退避三舍」、「止戈為武」的典源有一定的關聯。由於晉國的幾位將軍不聽從元帥荀林父的命令，一意孤行非要與楚國軍隊交戰，結果大敗而歸。荀林父引咎自責，請求判死罪。晉景公已經準備答應了，大夫士貞子卻連說不可以，並勸阻說：「從前城濮之戰時，先是退避三舍，後來打勝了的晉國軍隊繳獲了楚國軍隊大批輜重，接連三天吃了楚軍來不及搬走的糧食，而你的父親晉文公的臉上還帶著愁容。左右的人不理解，問道：『打勝仗應該歡喜您反而憂愁，難道打了敗仗應該憂愁的時候反而歡喜嗎？』晉文公回答：『得臣還在，不能就此放心啊！一頭野獸被困住了，還要掙扎一番，何況像得臣這樣的猛將呢』。」晉文公在這裡提到的得臣，是指楚國的宰相，城濮之戰楚軍的統帥成得臣。成得臣有勇有謀，當年晉文公在楚

國避難時，兩人有所接觸，彼此瞭解對方。酒宴上，晉文公答應楚成王，日後晉楚如果交兵，晉國將退避三舍以報楚王收留之恩。宴席散後，成得臣就勸楚成王殺掉晉文公，斷言今後與楚國爭天下者必是此人。楚成王卻沒有聽從成得臣，這才有了以後的城濮之戰。戰後，楚成王一怒之下，逼迫成得臣自殺。這一消息傳到晉國，晉文公方才露出了笑容，長出了一口氣說：「現在算是晉國又勝了一次，而楚國呢，又打了一次敗仗。從此楚國兩代都興不起來。」

話說到這裡，士貞子話鋒一轉，對晉景公說：「荀林父是國家的重臣，可以說是敵方畏懼，唯恐他存在的舉足輕重的人物。這一仗雖然打敗了，但事出有因，責任不全在他，怎麼就可以殺死他，做那種讓敵國高興的事呢！」晉景公這才恍然大悟，於是免了荀林父的戰敗死罪，仍讓他領兵戴罪立功，也使得晉國較好地度過了戰敗的危機。

後來，人們就把晉文公所說的比喻，引申為「困獸猶鬥」一句成語，用來形容即使處在最困難的情況下，雖然已經是精疲力竭，也還是要盡力掙扎，起來抵抗。不過，在今天的實際使用中，這句成語常常是貶意，形容那些壞人或壞的集團，在被壓制得將要潰滅時，還要作無謂的頑抗。

先發制人

這個典故，說的是秦朝末年，下相（今江蘇省宿遷縣西南）有個人叫項梁。項梁的祖先，世代都是楚國的將領。他的父親，也就是項羽的祖父，是戰國末年楚國的名將項燕。項羽又名項籍，他從小喪父，一直跟著叔父項梁生活。這叔侄二人，為了躲避仇家，就逃到了吳中。他們本來就出身名門豪族，加上又喜歡交結朋友，不久就成為當地士大夫中的領袖人物。尤其是項羽，小小年紀便立志雪洗國恥、家仇。叔父項梁讓他習文練武，他卻說要學「萬人敵」。這「萬人敵」的意思就是一個人能戰勝很多人。於是，項梁便教侄兒學習黃公韜略、孫武兵法，項羽很快便學會了「一字長蛇陣」、「二龍出水陣」、「三山天地陣」、「五虎群羊陣」、「劉環金鎖陣」、「七星陣」、「八卦陣」、「九宮絕戶陣」、「十面埋伏陣」等等陣法，並能運用自如。

秦始皇最後一次巡遊時，路過吳中，道路兩旁的人都屏聲靜氣，唯獨項羽毫無懼色，他脫口而出說：「哼！我看可取而代之！」

西元前二〇九年，爆發了陳勝、吳廣領導的農民起義。一些地方官吏也紛紛起兵反抗暴秦。這年九月，會稽郡守殷通，忽然派人來請項梁、項羽叔侄倆到府中議事，其實就是商量起兵反秦。項梁見了殷通後，就直言不諱地說：「現在江西好多地方都起兵反秦，這是滅亡秦朝的大好時機。先下手，應有利於控制別人；後下手，就不免受別人控制。」他主張趕快起兵，先發制人。

殷通覺得項梁說得非常有道理，便同意起兵。他希望項梁、項羽叔侄倆和桓楚共同領兵。桓楚是昔日楚國的大將，當時正負罪逃亡。項梁便對殷通說，他的侄兒項羽知道桓楚的下落，可讓項羽去走一趟。殷通答應了。但項梁覺得殷通這個人生性多疑，在他手下難成大事，於是就如此這般地對項羽囑咐了一番，叔侄二人暗自定下了計謀。

等到再次見殷通時，項梁使了個眼色，項羽飛快地拔劍砍下了殷通的人頭。官府中的衙役見項羽勇猛過人，誰也不敢反抗。接著，項梁便召集文武官吏，對他們說：「秦朝暴虐，郡守貪橫，所以用計除奸，改圖大事！」眾人本來就敬畏項氏叔侄，誰還敢說個不字？項羽頓時精神抖擻，他左手按著腰間的佩劍，右手一揮，大聲問道：「眾位可願跟我揭竿反秦？」眾人異口同聲道：「願意！」就這樣，項氏叔侄在吳中舉兵，並收編了郡下屬縣的壯丁，得到了精兵八千人，打起反秦大旗。從此，項氏叔侄領著江東八千子弟兵，開始了爭霸天下的浴血生涯。

儘管項氏叔侄「先發制人」，最後卻沒有把握住勝機，結果還是讓劉邦奪取了天下。不過這是題外的話了。

項莊舞劍

「項莊舞劍」最早出自《史記．項羽本紀》。

原文是這樣的：

今者項莊拔劍舞，其意常在沛公也。

它比喻一個人說話或行動表面裝作平和無事，實則想乘機害人。

這個典故說的是西元前二〇六年，劉邦滅亡了秦國後，派兵進駐函谷關。不久，項羽統率四十萬大軍到達，進駐鴻門（今陝西臨潼東邊）。這時，劉邦手下有個官吏，偷偷地向項羽報告，說劉邦想要在關中稱王。

項羽這個人是名武將，一聽頓時大怒。馬上下令全軍，準備攻打劉邦。這天晚上，項羽的叔父項伯又把這個消息透露給了劉邦。劉邦當時只有十萬人馬，自知打不過項羽，便趁機拉攏項伯，攀做兒女親家。項伯一聽很高興，他主動獻計，讓劉邦第二天一早去鴻門，到項羽軍中謝罪，以消除雙方的誤會。

第二天，劉邦依計而行。他帶著很有名的謀臣張良和武將樊噲，還有一百多名騎兵，來到鴻門。劉邦一見項羽就說：「我和將軍同心協力攻打秦國，今天又在這裡見到

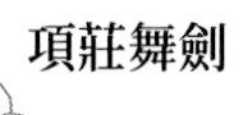

將軍，真是不勝榮幸。但是，由於有小人從中挑撥我和將軍的關係，使將軍對我產生了誤會。我是特地來請罪的。」

劉邦這番話，使項羽覺得他這個人很真誠。有勇無謀的項羽竟然說：「那些話都是你手下的曹無傷說的。我哪能懷疑你呢？」於是，項羽設宴招待劉邦，席間有項伯、范增作陪。

范增是項羽的謀士，他早就看穿了劉邦的野心，決意要殺掉劉邦。在酒席上，他多次暗示項羽動手。但項羽這時已不打算殺劉邦了。

范增再也忍不住了，就走出帳外，把項羽的堂弟項莊找來，讓項莊進去敬一杯酒，然後就要求舞劍，趁舞劍時殺掉劉邦。

項莊依計而行，敬完酒後就舞起劍來。項伯一看來者不善，也拔出劍來跟項莊對舞，處處保護著劉邦。

張良見情勢不妙，找了個藉口到營帳外，找到武將樊噲說：「現在情況危急。項莊表面上是在舞劍，其真正的用意卻是要害沛公劉邦。」樊噲一聽急了，就獨自闖進了帳中，連門衛都被撞倒了。

樊噲進去後，滿臉怒容。他責備項羽不該聽信讒言，加害於有功之人。說得項羽無言以對，就賜了酒肉，讓樊噲共同進宴。而狡猾的劉邦則假稱要上廁所，趁機溜回到自己的營中。

約法三章

關於「約法三章」這個典故，來源於這樣一則故事。說的是秦二世三年，就是西元前二〇七年，劉邦的大軍順利進入關中，駐紮在離咸陽不遠的灞上。秦王子嬰一看戰不成，守也使不得，只好向劉邦投降。秦始皇建立的強大的秦朝帝國就這樣滅亡了。

於是，劉邦大軍進入咸陽城，將士們開始搶奪金銀財物。劉邦也深入宮中，但見各種珍奇古玩、金銀珠寶琳瑯滿目，又見美女如雲，劉邦頓時神魂顛倒，飄飄欲仙。他沒多想，就往胡亥的龍床上一躺，閉目養起神來。

這時，劉邦手下的愛將樊噲突然闖了進來。樊噲一進門就直言不諱地說：「沛公是想取得天下呢，還是想當個富翁？這些奢華之物，正是秦朝滅亡的禍根。請速還軍灞上，切莫迷戀於此！」

劉邦一聽，覺得樊噲之言不無道理，但他又確實捨不得離開。這時正好張良走了進來，勸道：「秦如此無道，為天下人所痛恨，所以我們才起兵攻滅他。沛公剛入秦都，便想在宮中尋歡求樂，這豈不是重蹈秦轍嗎？我勸沛公切莫因為圖一時快活而毀了大業！古人有言：良藥苦口利於病，忠言逆耳利於行。請沛公依從樊噲之言，從速離開這

裡！」張良一席話，令劉邦幡然省悟。劉邦當即下令兵士查封皇宮府庫，然後帶領眾將士返回灞上軍營中。

為了安民，劉邦遍召當地父老鄉親，公開宣布說：「現與諸位父老約法三章：殺人者死，傷人及盜抵罪，其他秦時苛法全部廢除！凡官吏民眾，均不必驚慌。」隨後，劉邦派出使者，協同各地原來的秦吏，將這著名的「約法三章」通告各地，受到秦地民眾的歡迎，他們奔走相告。這一正確決策，對日後劉邦稱王並建立漢王朝產生了巨大的影響。耶律楚材曾在《懷古一百韻寄張敏之》詩中讚嘆道：「約法三章日，恩垂四百基。」

劉邦因「約法三章」受到民眾的擁護，為他後來奪得天下打下了基礎。看來，這「法」大可治軍治國，小可規範個人行為。健全的法制，是國富兵強的重要保證。今天我們常說「國有國法，家有家規」，說的就是這個道理。

舌卷齊城

蒯通說信曰：「酈生一士，伏軾掉三寸之舌，下齊七十餘城……」——《史記．淮陰侯列傳》

《史記．淮陰侯列傳》記載的這段話意思是說，謀士蒯通對韓信說，酈食其憑著三寸不爛之舌，就獲取了齊國七十餘座城池。後來，人們就用「舌卷齊城」，或者「掉舌」、「下齊」來形容善於遊說，靠遊說得勝或取得成功。

酈食其是陳留縣高陽鄉人，年輕時非常喜好讀書，因家境貧困而四處漂泊。由於博覽群書，口才出眾，非常善辯，為人又很傲氣，被時人稱為狂人。

劉邦起兵反秦路經高陽，酈食其遞上名片求見。劉邦聽通報的人說，來求見的人從外貌上看像個儒生，就讓人出來轉告說：「劉邦敬謝先生，現在是軍事時期，不見儒生，先生請回吧。」酈食其聽後眼一瞪，按著腰上的劍大聲喝道：「去，我不是什麼儒生，我是高陽酒徒。」後來高陽酒徒也成了一句成語，用來指狂放不羈的人。

劉邦也不含糊，當時正坐在床上洗腳，便說：「那就讓他進來吧。」酈食其進來，只行拱手禮而不跪拜，說：「你是想要滅亡秦朝，還是幫助秦朝呢？」劉邦回答：「當

然是滅亡秦朝。」酈食其說：「真要聚集民眾組成正義的軍隊去討伐無道的秦朝，就不應該用傲慢無禮的態度接見年長的人。」當時酈食其六十多歲，劉邦五十多歲。劉邦一聽這話馬上停止洗腳，起身整理衣服，並請酈食其坐在上座，向他道歉。於是酈食其幫劉邦出主意，降服了陳留縣令。後來酈食其就成了劉邦的說客，經常乘著馬車，出使各個諸侯國。

漢王三年，也就是西元前二〇三年，劉邦與項羽在滎陽反覆爭奪，深感兵力不足。酈食其向劉邦獻計攻取被稱做「糧倉」的敖倉，並自告奮勇，出使齊國，說服齊王田廣歸順漢王。當時田廣擁有二十萬軍隊，占據著幅員千里的齊國，也就是今天的山東省的廣大地區。如齊國歸順，不僅減輕了劉邦軍事上的壓力，也無疑增加了項羽防守上的壓力。劉邦聽從了酈食其的建議。

酈食其到了齊國對齊王直截了當地說：「大王知道天下人心的歸向嗎？」齊王說：「不知道。請教先生。」酈食其說：「當然是歸向漢王。」隨後列舉了漢王劉邦的許多得人心的地方，和楚王項羽的失道之處。特別指出：如今漢王已經占有敖倉的糧食，堵塞了成皋的險要，把守著白馬渡口，斷絕了太行的通道，各路諸侯如不歸服就會先被消滅。如果齊王先行歸順漢王，那麼齊國的江山就可以保住，否則危亡立即就到了。齊王認為酈食其說得有道理，於是將齊國七十餘座城池獻給了劉邦。但是他把酈食其留了下來。

後來，韓信發兵攻齊國。齊王田廣讓酈食其去阻止漢軍，酈食其拒絕了。齊王一怒之下殺了他，領兵東逃。

劉邦平定天下後，分封列侯功臣，想到了酈食其。一查，他還有個兒子叫酈疥，多次領兵打仗，但戰功尚不足以封侯。念他父親的緣故，劉邦封酈疥為高梁侯，食邑地為武遂。

投筆從戎

「投筆從戎」這個典故出自《東觀漢記．班超傳》。說的是班超不願過為官僱傭抄寫的生活，決心要像傅介子、張騫那樣，立功異域，以得封侯。後人即以「投筆從戎」、「棄筆從戎」、「投筆從軍」、「投筆取封」、「班超投筆」等，來形容一個人棄文就武，發奮建功立業的決心。

說到班超，不能不提到班超的父親班彪、哥哥班固、妹妹班昭，他們都是我國著名的歷史學家，為史學作出過重大貢獻。《漢書》的寫作提綱和大部分手稿，都是班固草就的，後又經班昭續寫而成。它記述了前漢共兩百二十九年的歷史，是一部斷代史。

班固在寫《漢書》時，曾被人誣告下獄，班超勇敢地去面見明帝，為兄爭辯。明帝十分讚賞班超的勇氣和才學，不僅釋放了班固，還對班超留下了很深的印象。從此，班家從扶風平陵遷到洛陽，班固以校書郎身分修史，班超在家替人抄書賺錢，孝侍寡母。

在班超的心目中，有兩個人他一直很敬慕。一個叫傅介子，是前漢北地人，在元帝時奉命出使西域，刺殺樓蘭王平定西域，被封為義陽侯；另一個人就是張騫，漢武帝時通西域成功，被封為博望侯。日復一日的抄書工作使得班超心有不甘。有一次，他把筆往筆架上一放，說：「大丈夫怎能總在筆硯之間徘徊，而無志略，應該像傅介子、張騫那樣，棄文就武，異域建功。」

不久，明帝偶見班固，想起其弟班超，便問：「卿弟現在哪裡？」班固如實相告。明帝就召班超當了蘭臺令史，這是一個掌管文書、劾奏及官印的小官。沒做多久，上司覺得班超愛講西域立功一類的話題，認為他不安心工作，就把班超給辭退了。

永平十六年，也就是西元七三年，奉車都尉竇固奉命出擊匈奴，覺得班超是個人才，便任他為假司馬。班超與匈奴首戰伊吾，伊吾就是今天的巴里坤湖，大勝而還。竇固發現班超很有軍事才能，便派他帶領三十六人出使西域各國，直到永元十四年，即西元一〇二年，班超才回到京師洛陽，被和帝拜為射聲校尉。班超終年七十一歲。

班超立志投筆從戎，出使西域三十多年，使五十多國臣服，功勛卓著，確實令人肅然起敬。難怪今天人們常提「投筆從戎」，因為這裡面包含著為國爭光的壯志雄心。不過，「投筆從戎」在我們今天的軍營裡，有個新的講法，叫「攜筆從戎」。雖然只改了一個字，但意思卻大相逕庭。一個是投筆，一個是攜筆。但就是這一字之差，卻道出了能文能武的當代軍人素質，使這個典故又有了新的生命力。

多多益善

上（劉邦）問曰：「如我能將幾何？」信曰：「陛下不過能將十萬。」上曰：「於君何如？」曰：「臣多多而益善耳。」上笑曰：「多多益善，何為為我禽？」——《史記．淮陰侯列傳》

劉邦與韓信的這段對話的中心意思是：韓信統率軍隊，越多越好。也就是我們今天所說的「韓信將兵，多多益善」這個典故的由來。

這個典故說的是西元前二〇二年，劉邦消滅了項羽後建立漢王朝，大封功臣。戰功卓著的韓信被封在淮北做楚王，成為當時實力最強大的諸侯王。

第二年，有人向劉邦上書，密告韓信謀反。劉邦採納了身邊的謀臣陳平的計策，他假稱自己準備巡遊雲夢（雲夢是當時著名遊獵區），要各地諸侯到陳縣（今河南的淮陽）相會。韓信不知是計，親身前往，當場被劉邦下令逮捕。

韓信被押解到洛陽後，劉邦想起他昔日跟自己南征北戰，立下了汗馬功勞，就下令將韓信免罪釋放，貶為淮陰侯。後來，劉邦定都長安，韓信就閒居長安，無所事事。他看到過去曾經是自己部下的周勃、灌嬰、樊噲等人，一個個都位居列侯，跟自己平起平坐，很是不服。因此，經常稱病不上朝。

劉邦知道韓信心懷不滿。一天，劉邦派人把韓信召進宮來，閒談中，劉邦叫韓信評論一下朝中諸將的才能。韓信就毫不客氣地將周勃等人一一評說了一番，幾乎沒有一個人被他看上眼。劉邦聽後，就笑著問韓信：「如果我去帶兵，你看能帶多少人？」劉邦這句話觸動了韓信，他不假思索就脫口而出：「陛下如果帶兵，我看最多不過十萬人。」劉邦馬上又問：「那你能帶多少呢？」韓信說：「臣帶兵是多多益善。」劉邦一聽，不禁放聲大笑，說：「你既然帶兵多多益善，遠勝於我，為什麼反而被我擒住呢？」韓信自知失言，忙說：「陛下雖然不善於帶兵，但是善於帶將，這是臣所以被陛下生擒的原因。」

這次談話，結果當然是不歡而散。韓信高傲的性格和流露出來的不滿情緒，更加深了君臣之間的隔閡。

西元前一九七年，趙相國陽夏侯陳豨起兵謀反，劉邦親率大軍前去討伐。韓信想乘機在長安發動兵變，誰知還未動手，就被人告發。皇后呂雉和留守後方的丞相蕭何用計把韓信騙進宮中，當場逮捕，並在長樂宮密室將其處死。

後人用一句成語概括了韓信的一生，叫「成也蕭何，敗也蕭何」。早年，韓信投奔

劉邦，一時不受重用，曾棄劉而走。是蕭何月下追韓信，並說服劉邦，將韓信封為大將。楚漢相爭期間，韓信統率漢軍，所向無敵，沒想到一世英雄，竟落了個晚節不保。

李廣射虎

說起西漢名將李廣，熟悉這段歷史的朋友馬上就會聯想到許多關於李廣的典故，如「李廣射虎」、「射虎南山」、「李廣難封」、「飛將難封」、「李廣不侯」，等等。這些典故，多數都出自《史記．李將軍列傳》。

李廣，隴西成紀（今甘肅省靜寧西南）人。他是秦朝李信將軍的後代。由於祖祖輩輩精通騎射，李廣很小的時候就學會了騎馬射箭，練就一身的好武藝。

西元前一六六年的冬天，匈奴十四萬騎兵大舉進犯邊境，李廣因作戰勇敢升任中郎將，經常隨漢文帝護駕。漢景帝即位後，李廣出任隴西都尉、騎郎將，曾隨周亞夫討平「吳楚七國之亂」。由於他功高顯赫，出任七郡太守（七郡就是上谷、上郡、隴西、北地、雁門、代郡和雲中），為守衛西漢邊防作出了重要貢獻。漢武帝時，李廣官至前將軍。到西元前一一九年，他隨大將軍衛青進軍漠北，因為迷路，誤了時間而憤愧自殺。

李廣一生與匈奴激戰七十多次，威震邊疆，匈奴畏他如猛虎，給他送了兩個外號，一個叫「飛將軍」，另一個叫「猿臂將軍」。

今天，我們在這裡說起李廣，還要順便給您說說他愛兵如子，深受將士擁戴的事。

讀過《李將軍列傳》的朋友，不難發現，李廣將軍他處處身先士卒，同甘共苦。司馬遷在撰寫《李將軍列傳》時，用了很多褒揚之辭。如：

得賞賜輒分其麾下，家無餘財，終不言家事，飲食與士共之。暑不張蓋，寒不重衣，險必下步，軍井成而後飲，軍食熟而後飯，軍壘成而後舍，勞逸必以身同之。軍中自是服其勇，士以此愛樂為用。

司馬遷對李廣將軍給予了最熱情的讚揚。但是今天我們在讚揚李廣愛兵如子的同時，又不能不說到李廣有的做法也不可取。李廣這個人不太講究以法治軍，不嚴格要求部下將士，也不太重視軍容。那麼作為一位大將，沒有嚴明的法度，就不可能形成戰鬥力。孫子說：「令之以文，齊之以武，是謂必取。」而這才是真正的治軍之道。

運籌帷幄

夫運籌策帷幄之中，決勝於千里之外，吾不如子房。——《史記．高祖本紀》

這段文字出自《史記．高祖本紀》，是劉邦說的一段話。大意是：若論在軍帳中策劃和運用克敵制勝的謀略，劉邦認為自己不如張良。這就是「運籌帷幄」這個典故的由來。

西元前二〇七年，劉邦率領的起義軍推翻了秦朝的統治，從此與楚霸王項羽展開了爭奪天下的戰爭。

在楚漢相爭的最初歲月中，劉邦好幾次被項羽打得損兵折將，潰不成軍。西元前二〇五年，楚漢兩軍在彭城（今徐州）交戰，漢軍全線崩潰，傷亡將士二十多萬人，連劉邦的父母和妻子都被楚軍俘獲了。劉邦自己一直跑到河南滎陽才站住腳跟。

「彭城之戰」的慘重失敗，使劉邦幾乎失去了勝利的信心。他在途中對謀臣張良說：「函谷關以東的地方，我準備不要了。你看送給什麼人，可以使他們為我建功立業？」

張良說：「大將韓信善於用兵，屢戰屢勝；楚九江王英布和項羽有矛盾；魏相國彭越是一個能征善戰的猛將。您就送給這三個人吧！如果他們能夠為您出力，項羽就沒有

了安寧的日子，最後一定會失敗。」

劉邦根據張良的謀劃，聯絡彭越，策動英布背叛項羽，同時命韓信與他們相呼應，加緊對項羽後方進行騷擾和進攻。到西元前二〇三年，項羽被迫同劉邦停戰講和，雙方確定以鴻溝為界。鴻溝在今天的河南省境內，是溝通黃河與穎水的古運河。

平分天下的和約締結以後，項羽就踏上了東歸之路，劉邦也準備率軍返回關中。此時又是張良深謀遠慮。他和陳平一起勸說劉邦，不要放虎歸山，要窮追猛打，將項羽一舉消滅。劉邦覺得張良的意見很有道理，就調回大軍開始追擊項羽，一直追到陽夏。

西元前二〇二年，項羽在垓下（今安徽靈璧南）陷入漢軍重圍。項羽突圍無望，兵敗自殺。劉邦經過五年的艱苦奮戰，終於統一了天下。

在慶功大會上，劉邦論功行賞。他當著文武百官的面說：「子房（張良）雖然沒有上陣打仗，但他運籌帷幄之中，決勝千里之外，建立了特殊的功勛。」劉邦當即宣布封賞張良齊地三萬戶，被張良謝絕，最後張良被封為留侯。

堅壁清野

今東方皆以收麥，必堅壁清野以待將軍，將軍攻之不拔，略之無獲，不出十日，則十萬之眾未戰而自困耳。——《三國志．魏書．荀攸賈詡傳》

這段文字的大意是說，要加固防禦工事，將四野的居民、物資全部轉移、收藏，使敵人一無所獲，站不住腳。這是對付優勢之敵的一種作戰方法，也是「堅壁清野」這個典故的最早出處。

東漢末年，曹操在鎮壓黃巾起義軍後，占據了兗州地區，威震山東。接著曹操準備揮師東進，奪取徐州這個策略要地。

曹操東征，後方空虛。兗州豪強張邈勾結呂布，襲取了兗州大部分地區，並占領了濮陽。這樣，整個兗州地區只剩鄄城、東阿、范縣三處沒有被攻破。當時，守衛這三處城池的是曹操的謀士荀。曹操得到消息後，十分惱怒。因為，丟了兗州根據地，形勢變得對曹操十分不利。於是，曹操急忙從徐州撤兵回來，向屯駐濮陽的呂布發起反攻。

然而，呂布是員虎將，他的部下也不弱。曹軍怎麼攻打，都無法取勝。雙方相持了好長時間，最後，各自的糧草都快沒有了。無奈之下，雙方只好各自收兵。

此後不久，徐州牧陶謙病死了。陶謙臨死時，把徐州托讓給了劉備。消息傳到曹營後，曹操爭奪徐州的心情更為急迫。他準備先打下徐州，再回過頭來消滅呂布。這時，謀士荀忙勸阻曹操說：「以前高祖保住關中，光武帝據有河內，都是有了牢固的根據地。進可以勝敵，退可以堅守，才能夠得天下。如今，將軍為什麼不顧兗州而去攻打徐州呢？」

曹操認為，陶謙剛死，徐州民心浮動，攻取不難。荀卻說：「我看未必。眼下正值麥收季節，徐州方面已經組織人力，加緊搶割城外的麥子，運進城去。這分明是對可能發生的戰爭有所準備。收完了麥子，對方必然還要星夜加固營壘，強化防禦工事，以應付萬一。四野的居民、物資，也會全部轉移、收藏。這樣，軍隊開到那裡，勢必無法立足，反而讓徐州的劉備贏得主動。」說到這裡，荀進一步提醒曹操，他說：「對方『堅壁清野』，固壘以待我軍。到那裡，將軍攻不能克，掠無所得，不出十天，全軍就要不戰自潰了……為防呂布再次乘虛而入，我方需多留兵力。而這樣，攻打徐州的兵力就會不足。但如果少留兵力，又不能保證守住鄄城。如果弄得兗州盡失，徐州又未取，這豈不是一舉兩失了！」曹操聽了荀的話後，十分佩服，決定暫不分兵東進，只與呂布對壘。後來，曹操果然大敗呂布，平定了兗州，鞏固了後方根據地。為日後削平各地割據勢力，統一中原，奠定了基礎。

人自為戰

信曰：「……此所謂『驅市人而戰之』，其勢非置之死地，使人人自為戰；今予之生地，皆走，寧尚可得而用之乎。」——《史記．淮陰侯列傳》

上面的這段話，可以說是成語「人自為戰」的典源。原文的意思是：韓信對眾將官說，這是激勵全軍將士努力作戰的一種辦法。把軍隊放置於被稱作死地的地方，就會使全軍人人為求生存而殊死戰鬥，從而贏得生的機會。

西元前二〇四年，漢大將韓信領兵攻打趙國。趙王帶大將陳餘在井陘（今河北省井陘）布置了二十萬大軍，準備抵抗漢軍。由於漢軍兵少，韓信決定撥出一萬人，背水列陣。韓信的部下十分不解，又不敢多問，只好執行命令。而陳餘看後心中暗喜，笑韓信不會用兵。第二天，漢趙兩軍一交手，韓信就退走，趙軍隨後追殺過來。漢軍退至河邊預設的陣地，官兵們見已無退路可走，轉過身來，殊死拚殺，真可謂以一當十，以十當百，個個奮勇，一時間頂住了趙軍的攻擊。趙軍雖然兵多，卻無法一下子吃掉頑強的漢軍，雙方你爭我奪，處在膠著狀態。這時，趙軍後方突然大亂，剛才還向前進攻的趙軍，開始紛紛後退。原來，韓信早在前一天夜裡祕密派出的二千名騎兵，此時從趙軍背

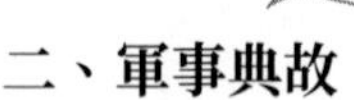

後發起了襲擊。趙軍腹背受敵，軍心大亂，士兵紛紛敗走。儘管趙軍統帥當場斬殺了多名士兵，也無法阻止「兵敗如山倒」的趨勢。在漢軍的兩面夾擊下，趙軍土崩瓦解，主將陳餘死於亂軍之中，趙王也成了漢軍的俘虜。

戰後，韓信的部下問：「兵法上講，預設戰場要依山傍水。這次，將軍卻令我們背水布陣，等於把軍隊置於死地，可結果卻打勝了，這是什麼道理呢？」韓信回答：「這種戰法，兵法上也講過，只是你們沒有注意到而已。兵法上不是說，軍隊陷於死地可以後生，置於亡地可以後存嗎？我不過是沒有拘泥於前人的經驗，而是採取了一種新的激勵士兵努力作戰的方法。」接著，韓信就說出了文中開頭所提的那段話。

「人自為戰」，原來意思是講，每個人為求自己的生存，而奮力地去戰鬥。

暗度陳倉

「暗度陳倉」是人們在軍事生活中，使用較多的一句成語，典出《史記．高祖本紀》。常用來形容一邊迷惑、麻痺對方，一邊偷偷摸摸地暗中活動，出其不意，達到了某種目的。

秦朝末年，項羽和劉邦都有獨霸天下的野心。西元前二〇六年正月，項羽在推翻秦王朝後封地、封王，他知道劉邦不好對付，有意將劉邦封為漢王，領地限制在當時偏僻的巴蜀和漢中一帶。劉邦很是不服，但當時自己的實力不足以與項羽抗衡，只好領兵西上，開往漢中的南鄭城。在通往南鄭的路上，有綿延幾百里的棧道。棧道是在險峻的懸崖絕壁上鑿孔支架木樁，鋪上木板而成的窄小通道。劉邦接受謀士張良的計策，將走過的棧道全部燒毀。這樣既有利於自己的防禦，又可以迷惑項羽。因為項羽為防劉邦日後與自己爭天下，把他東進必經的關中分為三部分，封秦朝的三個降將章邯、司馬欣、董翳為王，號稱三秦，擁重兵把守。燒毀棧道，既向項羽表示劉邦無意東進，又鬆懈了三秦對劉邦的戒備和防守。

西元前二〇六年八月，劉邦拜韓信為破楚大將軍。韓信命大將樊噲帶一萬人大張旗鼓地去修復棧道。由於山路崎嶇，棧道全部焚燬，將士們連立足的地方都沒有。樊噲心中暗暗叫苦，如此工程，就是十萬人一年也修不完哪！消息傳到把守關中第一道關口的老將鄣邯耳朵裡，也很是不以為然。

哪知韓信親率三萬精兵，祕密從孤雲嶺雨腳山後，沿陳倉小路疾行，將士們棄馬步行，不顧山道曲折，披荊斬棘，晝夜兼程，僅半個月的時間，突然就出現在了關中。鄣邯聽到消息，大驚失色。由於疏於防備，一時手足無措，不知如何是好。而此時，漢軍先鋒樊噲已經開始攻城了。鄣邯只得倉促披掛上陣，開城迎戰。結果連敗三陣，丟了三座城池，所帶精兵所剩無幾。鄣邯恐怕被韓信活捉，有辱一世威名，惱羞成怒，拔劍自刎。

此後，韓信又連破司馬欣和董翳，收取關中，直搗咸陽，楚漢相爭從此拉開了帷幕。四年後，也就是西元前二〇二年，劉邦最終擊敗了項羽，統一了天下，建立了漢朝。

楚漢相爭是從「明修棧道、暗度陳倉」開始的。劉邦最終取得勝利的結局，使人們把它作為重要的軍事謀略廣為傳頌。而它的使用也逐漸走出軍事領域，成為人們在日常生活中表達類似做法的一句成語。這句成語，也有人稱作「明修暗渡」，意思是一樣的。

胯下之辱

淮陰屠中少年有辱信者，曰：「若雖長大，好帶刀劍，中情怯耳。」眾辱之，曰：「信能死，刺我；不能死，出我胯下。」於是信孰視之，俯出胯下，蒲伏。一市人皆笑信，以為怯。——《史記．淮陰侯列傳》

「胯下之辱」是說一個人從別人兩腿之間處爬過去，這被視為是奇恥大辱。

這是漢朝開國功臣韓信早年親身經歷的一件事。韓信是今江蘇淮陰人，當他還是一個貧民百姓時，家境貧寒，本人由於既不能為官，又不會經商，經常吃不飽飯，時不時地要靠別人接濟飯食，過著寄人籬下的生活，為當地人所瞧不起。

一天，城中殺豬賣肉的幾個人圍住韓信。其中，一人用手指著韓信的鼻子說：「看你雖然長得身材高大，還背著刀劍，其實，你卻是一個膽小鬼。」據史書上講，韓信身長八尺五寸，當然那是舊尺寸。因是韓王的後代，所以經常帶著佩劍出沒於市井之中。在那些圍住韓信的市井無賴中，有一高個子，扯著嗓門喊叫：「你小子要是不怕死，就來刺我一刀；你小子要是怕死，就從我胯下爬過去。」說著他又開兩條腿，用手指指自己的胯下。周圍的那幫人在一旁起鬨：「爬過去，爬過去。」韓信聽了，一聲不響，他仔細地看了看那個高個子無賴，又看了看其他幾個人，便伏下身子，從那高個子的胯下慢慢地爬了過去。看熱鬧的人圍了一圈，大家都哈哈大笑，譏笑韓信是一個十足的膽小鬼。韓信仍然是面無表情，默不作聲，心裡卻牢牢地記下了這一奇恥大辱。

後來，各地起兵反秦。韓信先是投靠西楚霸王項羽。項羽只給了韓信一個微不足道的官職——郎中。韓信多次給項羽獻計，項羽由於在心裡看不起他，都沒有採納。於是韓信轉而投奔漢王劉邦。劉邦開始也對韓信不以為然，常拿韓信「胯下之辱」的歷史來搪塞舉薦韓信的人，意思是說，這種人還能成大器嗎？

丞相蕭何慧眼識人，認為韓信是個奇才，極力向劉邦推薦，還不顧年邁，月下追回懷才不遇，又想出走的韓信。劉邦無奈，懷著試試看的心理，拜韓信為破楚大將軍。拜將後，劉邦認真地與韓信作了一番對話，這才對韓信有了新的認識。韓信果然不辱使命，最終幫助劉邦戰勝了項羽，建立了漢朝。

劉邦統一天下後，封韓信為楚王，淮陰是他的屬地。韓信回到家鄉，把當年那些曾侮辱過他的人嚇得半死，特別是那個高個子，自認為必死無疑。沒想到韓信卻把他召來封了個軍職——中尉，韓信對眾將說：「當年他侮辱我時，我所以沒有殺他，是因為殺了他並不會帶來好處。現在也是如此，而我正是忍了，才有了今天。」

此後，人們就用「胯下之辱」比喻有才能的人，能暫時忍受恥辱，並終成大器。

匹夫之勇

漢文祖劉邦為韓信登壇拜將事畢，劉邦問韓信：「丞相蕭何等人在我面前多次稱讚將軍，說你雄才大略，經天緯地，是曠世奇才，將軍對我有何指教呢？」韓信說：「現在能與大王爭奪天下的，只有項羽。大王估計自己的勇猛強悍，比項羽又如何呢？」

劉邦沉默了一會兒，說：「那我遠遠不如他。」韓信聽後躬身下拜，恭恭敬敬地說：「大王真有自知之明，我也認為大王不如項羽。但是，我在項羽手下做過事，我對他的性格、作風、才能、品行，知道得清清楚楚。項羽可以說是叱吒風雲，他的一聲大喝，就能嚇退千軍。但是他有一個致命的弱點，就是人他不能也不會用人。賢臣良將，在他的手下，一籌莫展，毫無用武之地。所以說，項羽雖勇，只是匹夫之勇。項羽待人也是恭敬和仁義的，他關愛部屬，遇到將士患有疾病，他能問暖問寒，關注飲食起居。但是，當部屬有功該分封行賞時，他卻常常捨不得，這種仁其實只是婦人之仁。」接著，韓信又指出項羽背信和濫殺無辜的不義。最後總結說項羽的勇，只是匹夫之勇，項羽的仁只是婦人之仁，所過之處，燒殺搶擄，村廬盡墟，盡失人心。如果漢王能反其道而行之，攬天下賢才，任武功強將，以天下城邑，封有功之臣，讓人心悅服，得到天下並非難事。劉邦聽後大喜，自認為與韓信相見恨晚，對韓信是言聽計從。

後來，劉邦打敗項羽，做了皇帝，在洛陽宮大宴群臣時說：「我所以能成功，取得天下，是我能知人也能用人。運籌帷幄之中，決勝千里之外，我不如張良；鎮守國家，安撫百姓，籌劃糧草，整理財政，我不如蕭何；上陣打仗，攻城拔寨，率百萬之師戰必勝，攻必克，我不如韓信。這三人都是人中之傑，我能用，此三傑。而項羽只有一個范增，還不能用，天下怎麼能不屬於我呢！」

說到這裡，我們不能不提一下項羽。項羽可以說是一位失敗的英雄。他二十四歲在江東起兵反秦，二十六歲奪得秦朝政權。接著楚漢戰爭，他與劉邦交手四年，最後敗在劉邦手下。死時也不過三十歲出頭。遺憾的是，究竟為何失敗，他臨死尚不覺悟，仰天高呼：「天之亡我，非用兵之罪。」司馬遷批評他，說他最大的錯誤是自矜功伐，不肯納諫，欲以武力經營天下。所以，今天人們稱那些沒有深謀遠慮，又聽不進別人意見，只憑武力用事的人為匹夫之勇。

大樹將軍

典故「大樹將軍」，講述的是東漢時期著名軍事將領馮異的故事。

馮異，字公孫，生年不詳，死於西元三十四年。他出生在潁川父城，也就是今天的河南寶豐市東。他自幼好讀書，通曉《左氏春秋》、《孫子兵法》等。東漢初年，馮異出任過王莽政權的郡掾，郡掾是一個職位不高的官銜；後來轉投劉秀，受到重用。先是拜為偏將軍，後因戰功卓著，屢獻定國安邦方略，被封為應侯。

馮異為人謙虛謹慎，從不居功自傲。他乘車行駛在路上，遇到別的將軍，總是馬上叫隨從把車讓到一邊。行軍作戰休息的時候，將軍們坐在一起談論戰功，有時甚至爭得面紅耳赤。馮異卻常常躲在一邊，坐在樹下，不聲不響，從來不參與這些爭論，久而久之呢，軍中的將士就都稱他為「大樹將軍」。

劉秀率軍消滅了王郎割據勢力，打下邯鄲以後，決定要整頓軍制，重新分配將士的隸屬，結果全軍將士都表示願意歸於馮異手下，這讓劉秀很感慨。將士信服和擁戴馮異，不僅是因為他精通兵略，軍紀嚴明，更是仰慕他為人謙遜，體恤士卒。馮異領軍在外作戰，每有戰功，上報時總是盡數部下的成績，從不貪功。有一年，由於道路被阻，

馮異的部隊被困在一個極度缺糧的地區。當地糧價飛漲，一斤黃金才能換取五升黃豆，百姓饑餓，甚至出現了吃人肉的現象。馮異嚴格要求部下不許擾民，自己帶頭吃野果、野菜，全軍將士同心協力，堅持度過了難關。馮異的為人也為他的對手所嘆服，在與馮異的作戰中，曾多次出現敵對方懾於其威力和仰慕其人格而投降的事例。西元二五年，作為敵對方的更始軍一次投降就達十餘萬人。

劉秀也很賞識和信任馮異。眾人勸說劉秀稱帝，劉秀拿不定主意，特意從前方緊急召回馮異，誠心誠意地徵詢意見。看到馮異點頭了，劉秀才像吃了一劑定心丸。西元二五年，劉秀即帝位，稱漢光武帝，馮異被封為陽夏侯。馮異長期在外領兵作戰，不免威權益重，百姓歸心，有人密告劉秀說馮異有「反心」，朝中大臣也對馮異兵權過重有所擔心，劉秀卻堅信馮異不疑。馮異也不負劉秀的信任，南征北戰，最後病死軍中，馬革裹屍，被後人奉為軍人的楷模。

驕兵必敗

「驕兵必敗」，是我們在日常生活中使用頻率較高的一句成語。「驕兵」，是指恃強凌弱的軍隊。這句成語的意思是：認為自己強大而輕敵的驕橫軍隊必定要打敗仗。

西元前六八年，漢宣帝劉詢派侍郎鄭吉率軍西征車師國。車師國求救於匈奴，但匈奴沒有及時派兵支援，因此車師國投降了漢朝。不久，匈奴大軍突然襲擊車師，把鄭吉率領的七千人馬團團圍住。鄭吉派人突圍，給漢宣帝報信請求派兵支援。

漢宣帝召集群臣商議此事。大將軍趙充國主張趁機攻打匈奴的大本營。而丞相魏相卻不同意派大軍出戰。上書進諫說：「國家出兵作戰一般是在五種情況下，結果卻是不同的。救亂誅暴，謂之義兵，兵義者王；敵加於己，不得已而起者，謂之應兵，兵應者勝；爭恨小故，不忍憤怒者，謂之忿兵，兵忿者敗；利人土地貨寶者，謂之貪兵，兵貪者破；恃國家之大，矜民人之眾，欲見威於敵者，謂之驕兵，兵驕者滅。」

在魏相看來，第一種情況解救危難，平暴安良，是為正義，因此稱為「義兵」，戰必無往而不勝。第二種情況敵人侵犯，迫不得已奮起自衛，也可稱作「應兵」，師出有名，必然打勝仗。而後三種情況，忿兵、貪兵、驕兵都是不可取的。因一時氣憤鋌而走險，置國家安危於不顧，或是貪戀他人資源財物，強取豪奪，大動干戈，甚至憑藉自己的經濟、軍事實力，動不動就給別國發號施令，大施淫威，以戰爭相威脅，都是不義的，最終必然導致失敗的結果。在忿兵、貪兵和驕兵中，尤以驕兵的後果最嚴重。魏相認為，驕兵「出兵雖勝，猶有後憂」。也就是說，驕兵短時期內可能取得一定的成功，但從長遠觀點看，卻是憂患重重，弊大於利。所以，他對漢宣帝講，驕兵的結局，不僅僅是失敗，而可能是滅亡。

說到這兒，魏相把話鋒一轉，說：「近年來，匈奴沒有侵犯我們邊境。現在為了車師，就要去攻打匈奴，這是沒有道理的。出兵作戰要有名義，我不知道這次出兵攻打匈奴有何名義？」

漢宣帝採納了魏相的意見，決定暫不出兵攻打匈奴，而是派了一支部隊，馳援鄭吉，把他和他的軍隊接應回了渠犁，也就是現在的新疆輪臺、尉犁之間。

魏相的「五兵」說，其實是闡述了中國古代軍事哲學中關於戰爭正義與非正義的一個基本觀點。這一觀點對後來的政治家和軍事家影響很大。「驕兵必敗」，作為這一思想的載體也以成語的形式在民間流傳至今。不過，如今它的運用已走出軍事領域，成為人們在表達驕傲的人做事不會成功這層意思時經常使用的一個比喻。

斗酒彘肩

成語「斗酒彘肩」源自「鴻門宴」的故事。在鴻門宴上，項莊拔劍起舞，欲殺劉邦，項伯暗中盡力用自己的身體掩護，但項莊咄咄逼人，形勢萬分危急。劉邦的謀士張良見勢不妙，趕緊走出帳外，把消息告訴了負責劉邦安全的猛將樊噲。

樊噲與劉邦是同鄉，早年以殺狗賣肉為生，後來跟隨劉邦起兵，出生入死，戰功卓著，很受劉邦器重。樊噲與劉邦還有一層關係，樊噲的妻子呂須與劉邦的夫人呂雉是親戚。所以，在劉邦的諸多將領中，樊噲被認為是最親近的。

樊噲聽張良一說，頓時急了，立即持劍握盾闖入項羽的軍帳。兩側持戟的衛士制止樊噲，不讓他進去。樊噲側著盾牌撞過去，兩側的衛士紛紛倒地。樊噲闖入軍帳內，靠著帷帳向西站著，憤怒地瞪起眼睛，怒視項羽，頭髮都豎了起來，眼角也張裂流著鮮血。項羽按劍問道：「這個大漢是什麼人？」張良回答：「他是劉邦的武士，名叫樊噲。」項羽說：「真是一個壯士，快給他拿酒。」手下人立即給樊噲送來一斗酒，樊噲謝了項羽，一飲而盡。項羽又說：「送給他豬肩。」手下人立即送上一隻生豬肩，樊噲把盾牌扣到地上，把生豬肩放在盾上，拔劍切肉，大口吃起來。項羽說：「壯士，還能

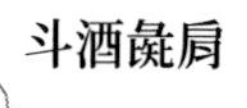

再喝酒嗎？」樊噲回答：「我連死都不怕，喝幾斗酒算什麼！」樊噲的言行震懾了項羽及手下的武將們，項莊等人一時不知如何是好。劉邦藉機上廁所，走出項羽的軍帳，連來時坐的車都不要了，獨自騎馬逃離了鴻門。樊噲呢，也不辭而別，匆忙離開，抄小路返回了自己的營地。

「斗酒彘肩」就源於這個典故。「彘」，是指豬。後來人們用這個典故，形容某人言行豪壯，英勇無畏。

斬將刈旗

殲滅了秦軍主力的項羽與劉邦會師在灞上。後來雙方為爭奪天下又打了四年的仗，這就是歷史上著名的「楚漢相爭」。劉邦最終把項羽包圍在垓下，四面楚歌，逼得虞姬拔劍自刎，而項羽乘夜率領八百多名士兵向南突圍，到了天明，漢軍發覺項羽逃走，將軍灌嬰立刻帶領五千騎兵追擊。

項羽突圍後渡過淮河，由於走錯了路，不得不原路返回，結果被漢軍追上。這時，項羽的手下只有二十八騎，而漢軍卻是漫山遍野。項羽長嘆一口氣，對手下人說：「我自起兵反秦到現在，已經八年了，身經七十餘戰，所向無敵，今天看來是難以脫身了。」說著，他怒目圓睜，大聲喝道：「今天就是決戰，我在臨死前，給你們痛痛快快地打一仗瞧瞧，殺它個三進三出，斬掉敵人的大將，砍倒敵人的大旗，讓你們知道，這是上天要滅亡我，並不是我無能而戰敗。」這就是成語「斬將刈旗」的由來，它的意思是斬殺對方的將領，砍倒對方的旗幟。

項羽說完，把手下人分成四隊，向四方突圍，並約定在山的東面會合。接著，項羽身先士卒，大喝一聲，催馬奔向漢軍。只見他衝到一漢將前，手起刀落，已經將那個漢

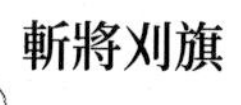

將的頭顱斬落馬下。然後，項羽是左右馳騁，所過之處，漢軍紛紛退後，無人敢抵擋。項羽殺得性起，一會兒，就斃傷一百多名漢軍，在漢軍中真可以說是如過無人之境。漢軍由於懼怕項羽，紛紛避讓，但裡外三層，把項羽團團圍住。項羽拚殺了一陣，回頭一看，只損失了兩名騎兵。他笑著對身後跟隨的手下人說：「這一仗打得怎麼樣？」士兵都跪在地上說：「大王說的一點兒都不假。」項羽聽後是仰天大笑。

最後，項羽隻身一人趕到了烏江渡口。他拒絕了烏江亭長勸其返回江東，東山再起的建議。他認為，當初帶領八千江東子弟起兵，如今一人返回，無顏見江東父老。於是將自己的坐騎烏騅託付給亭長，自己返身徒步與追趕上來的漢軍繼續拚殺，又斬殺數百人，自己也身受十餘處創傷，最後拔劍自刎。

項羽至死認為，失敗是上天的意志，而並非自己在軍事上無能，這是他的悲劇。但是他作為軍人，血戰沙場，視死如歸，又往往為人們所稱道，所以他又被人們稱為「失敗的英雄」。

「斬將刈旗」，後來也被人們用來比喻將士勇猛殺敵。

短兵相接

「短兵相接」今天常用來比喻敵我雙方，面對面地進行針鋒相對的鬥爭。而作為典故，它最早的出處應該追溯到戰國時期著名詩人屈原所著的《九歌》。他在《楚辭．九歌．國殤》中描寫古代戰爭場面時，就使用了「操吳戈兮被犀甲，車錯轂兮短兵接」的詩句。漢朝的司馬遷是最早把「短兵相接」作為成語來運用的。

作為成語，它最早出自於《史記．季布欒布列傳》。故事說的是，秦末楚漢相爭的初期，漢王劉邦乘楚王項羽大軍在山東一帶作戰的有利時機，親率五十六萬大軍一舉攻占了楚都彭城，也就是今天的江蘇徐州。項羽見自己的後方告急，立即領精兵三萬從山東揮師南下，迅速包圍了彭城，打得劉邦措手不及。漢軍倉促迎戰，被驅入谷水、泗水，死傷二十餘萬人。項羽的部將丁公率軍窮追不捨，他是項羽手下猛將季布的舅舅，是一個很有心計，也很會帶兵打仗的將軍。追到彭城以西，窮途末路的劉邦不得不回頭迎戰，兩軍在戰場上開始了你死我活的拚殺。古代作戰使用的兵器，弓箭稱為「長兵」，刀劍稱為「短兵」。近身作戰，弓箭無法展開，必須使用短兵器，所以叫做「短兵相接」。在生死攸關的戰場上，雙方自然是奮力搏擊。漢軍人少，又連日征戰，人困

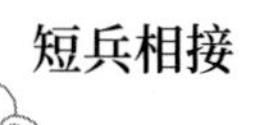

馬乏，形勢非常危急。劉邦自知很難脫身，便勒馬回頭對追上來的丁公說：「你我都是英雄，何必苦苦相逼呢？」丁公聽了先是一愣，隨後想了想，便賣了個情面，引兵退去。劉邦這才不由得長出了一口氣，帶著僅存的數十名殘兵敗將，脫身而去。

說到這裡，我們有必要介紹一下「短兵相接」這個故事中的人物劉邦、季布和丁公的結局。劉邦最終戰勝了項羽，做了漢朝的開國皇帝。曾多次與劉邦交戰，讓劉邦頗為忿恨的季布先是被通緝，劉邦為其人頭懸賞千金；後來，劉邦聽取了謀士建議，為收買人心，赦免了季布，還拜他為中郎將。而丁公呢？項羽與劉邦爭奪天下兵敗後，他自恃救過劉邦一命，主動前來投靠。沒想到劉邦不僅不感激他，反而說：「你作為項羽的部屬，是不忠的。使項羽最終丟失天下的人，就是你丁公。」隨後，劉邦下令將丁公推出斬首，告示三軍，做人做事不要學丁公！

馬革裹屍

「馬革裹屍」一詞，最早見於《後漢書．馬援列傳》。原文的意思是：大丈夫應當戰死沙場，用馬的皮革包裹屍首，還葬故鄉。

馬援是後漢時期的一個重要將領。他生在前漢末年，十二歲時父母雙亡。哥哥馬況讓他學詩，學了好幾年，也沒有什麼起色，馬援便要求到邊疆去放馬。哥哥怕弟弟灰心，就鼓勵他說：「汝大才，當晚成。」意思是你的才能很大，可能成熟得晚些。就是我們今天常說的「大器晚成」。

馬援果然應驗了哥哥的話——「大器晚成」。王莽末年，他被任命為新城大尹，就是漢中的太守。王莽敗後，隗囂拜他為綏德將軍，後來，馬援與隗囂反目成仇。劉秀大軍西征時，馬援受到重用。劉秀讓馬援與群臣共商討伐隗囂之計。馬援順手將一袋米倒在席上，按地形堆成山川河谷，這大概就是世界上最早的沙盤模型。當時，劉秀高興地大叫，敵軍全在我眼中了！隨後，劉秀大軍便進占第一（今寧夏固原縣），隗囂軍大敗。建武九年，馬援被拜為太中大夫，建武十一年拜為隴西太守，是劉秀帳下有名的常勝將軍。

光武帝劉秀基本統一中國後，為了發展經濟，增強國力，極力避免戰爭。

建武二十年，馬援班師回京後，劉秀賞賜給他一輛兵車，職務僅安排在九卿之後，封為新息侯。許多朋友都前來祝賀，其中有一個人叫孟冀，他跟馬援是非常要好的朋友，言談中不免有些溢美之詞。誰知馬援卻說：「男子漢就是應該在戰場上逞雄，死於邊野以馬革裹屍還葬耳！何能醉臥床上，纏綿於兒女之情！」言辭之間表明了自己立志戰死疆場的雄心壯志。孟冀敬佩地連連稱道，說：「將軍真是壯烈之士，男子漢就應當如此！」

雖然馬援在花甲之年請戰出征，為國盡忠，最後病逝軍中，但他的「馬革裹屍」的精神卻一直為人傳頌，在歷朝歷代的將士中影響深遠。

兵不厭詐

今其眾新盛，難與爭鋒。兵不厭權，願寬假轡策，勿令有所拘閡而已。——《後漢書·虞詡傳》

《後漢書·虞詡傳》中的這段文字，就是「兵不厭詐」這個成語的由來。意思是說用兵打仗，要盡可能地多採用一些迷惑敵人的辦法。不過，關於這個成語的最早文字記載，還有一處是在《韓非子·難一》中：

戰陣之間在，不厭詐偽。

這兩處的文字其實說的都是一個意思，也就是我們今天所說的「兵不厭詐」。

東漢安帝年間，由於天災不斷，兵火連年，加上貪官汙吏的不法行為，內憂外患迭起，各地農民起義不時發生，少數民族問題一直困擾著開始頹敗的後漢王朝。永初四年，活躍在青海一帶的一支羌族反叛，切斷了隴道，割斷了漢朝與西域的聯繫。當時臨朝聽政的是鄧太后，她使用了鎮壓和安撫相結合的策略，但未能奏效；幾次征討又都不勝而還，益州、漢中太守先後被羌族所殺。不久，這支羌族部隊又進攻武都，鄧太后得到這個消息後，想到了當時擔任朝歌長的虞詡。鄧太后召虞詡進宮，改任他去當武都太

守，即日從洛陽到武都赴任。羌軍得到虞詡就任武都太守的消息後，便派一支精兵到陳倉（今陝西省寶雞市東面），羌人準備在半路上攔截。虞詡當時只帶了幾千人馬，見羌軍是有備而來，當即下令部隊停止前進，就地安營紮寨。他故意讓將士們散布說羌軍兵多，我們打不過。太守已向太后奏請援兵，等大軍到來後，再繼續進發。羌軍探聽到這一消息後認為，虞詡一兩天內不能進軍，也不可能向他們發起攻擊，就分兵進攻鄰縣去了。虞詡見羌軍中計，急忙命令軍隊不分晝夜火速前進，並且下令部隊每天都要增加行軍用的土灶數量。這時，他的部下中有人不解地問：「從前孫臏打仗時，每天減灶，為什麼你倒要增灶呢？兵法上規定行軍每天不過三十里，為的是要防止意外，為什麼我們每天要走一百多里的路呢？」虞詡說：「敵軍人數多，我們人數少，走得慢了，會被敵人追上；走得快，每天又增加灶數，敵人以為我們部隊多，就不敢追了。」他又說：「從前孫臏減灶是『見弱』，我增灶是『示強』，彼此情況不同，對付的辦法當然就不能一樣了。」

這一說，大家明白了其中的道理。當虞詡不過三千人的部隊和羌軍一萬多人對陣時，虞詡下令不準使用射得很遠的強弩，只用射得近的弱弓。羌軍認為虞詡的部隊戰鬥力很弱，就下令猛攻。虞詡等到羌軍逼近時，下令集中強弩射擊，把羌軍打得大敗。虞

詡又派出人馬，埋伏在羌軍的退路上，進行襲擊，最後終於打敗了羌軍。之後，他在轄區修築了一百八十座營壘，賑濟貧民，武都郡從此得到了安定。

虞詡帶兵打仗靈活機動，「通權達變」，不為前人兵法所束縛，值得學習，但他鎮壓羌人起義卻是應該給予批判的。虞詡一生多次沉浮。最終，他在永和初年，就是西元一三六年升為尚書令，不久就去世了。臨死之時，他對自己鎮壓農民起義，殺害無辜進行了反省，受到了良心的譴責。

今天，我們講的「兵不厭詐」這個成語，最初叫「兵不厭權」。「權」，就是權宜、權變，因時因事而變通辦法，「兵不厭詐」這個成語是「從兵不厭權」演變而來的，其軍事思想就是為了迷惑敵人。

投鞭斷流

「投鞭斷流」這個典故，最早記載在《晉書．苻堅載記下》中。原文是這樣的：前秦苻堅將攻晉，太子左衛率石越以為晉有長江之險，不可伐。堅曰：以吾之眾旅，投鞭於江，足斷其流，何險之足恃？

苻堅的大意是說，我兵馬眾多，就算是把馬鞭扔到長江裡，也能把江水擋住，使之不再流動，（他們）還有什麼天險可守的呢？

那麼，苻堅是在什麼樣的情況下說這句話的呢？

十六國時期，苻堅滅了前燕國，降服成漢國。太元元年，也就是西元三七六年又滅了前涼，並且出兵攻晉，占據襄陽，統一了北方大部，海東諸國六十二王紛紛派出使臣前來朝拜。苻堅此時飄飄然起來。他經常大宴群臣，極盡歌舞，朝廷上下漸漸興起豪華奢侈之風。也正是在這種背景下，苻堅決心興師討伐東晉。

一天早朝的時候，苻堅將自己的想法和盤托出，誰知文武百官頓時鴉雀無聲。祕書監朱彤是個見風使舵的人，忙上前奏道：「陛下威震四方，今御駕親征，是應天順時之舉，大軍所到之處，高山低頭，河水讓路，必然是有征無戰……此舉定能統一天下，建萬古不朽功業！」

朱彤話音剛落，百官中走出一個人，高聲奏道：「臣以為現在不能伐晉！」眾人一看，原來是尚書左僕射權翼。苻堅很不高興，就說：「你講吧！」權翼正了正朝服，說：「臣聽說，國王無道，諸侯才共同來討伐。如今晉國雖弱，卻君臣和睦，上下同心，並且朝中還有謝安、桓沖等傑出人才，因此出兵伐晉還不是時候。」

苻堅聽了這番言論，心中更是不高興，沉默了一會兒才說：「諸卿都說說自己的想法。」

話音未落，太子左衛率石越應聲奏道：「臣以為，權翼之言講得有理。晉國不但君臣一心，而且據有長江天險，百姓也樂意為朝廷出力。出師伐晉必然凶多吉少。願陛下保境安民，等待時機，再作打算。」

苻堅早就不耐煩了，聽了太子這番話，便駁斥道：「全是庸人之談！從前吳王夫差，吳主孫皓，他們雖有長江天塹，也未能逃脫覆滅的命運。今我帶兵百萬，若將馬鞭投入江中，即可斷其流水，（他們）還有什麼天險可守？」

儘管包括陽平公苻融在內的群臣們極力反對，但苻堅還是決心伐晉，結果當然可想而知了！

聞雞起舞

「聞雞起舞」最早的文字記載於《晉陽秋》。原文是這樣的：

（祖）逖與司空劉琨俱以豪雄著名，年二十四與琨同僻司州主簿，情好綢繆，共被而寢，中夜聞雞鳴俱起，曰：「此非惡聲也。」每語世事，則中宵起坐，相謂曰：「若四海鼎沸，豪傑共起，吾與足下相避中原耳。」

這段古文的大意是：祖逖和劉琨少有壯懷，立志為國盡力，半夜聽到雞叫，便起身操練武藝。此典故比喻有志之士及時奮發。

祖逖是東晉南朝時期第一個舉兵北伐，決意恢復中原的著名將領，曾為維護國家的統一安定作出過重要的貢獻。

祖逖出生於西元二六五年，卒於三二一年，是今天的河北淶水人。二十四歲那年，他喬居陽平（今河北大名縣東北），認識了一個叫劉琨的人，並一起被官府任命為司州主簿，就是掌管文書簿籍的小官。說到劉琨這個人，也非等閒之輩。我們今天常說的「枕戈待旦」一詞，就出自劉琨之口。

祖逖和劉琨兩人均胸懷壯志，意氣相投。他們經常住在一起，作徹夜長談，相互勉

勵。他們深知，要報效國家、建功立業，必須做到文武雙全、才華超群。為了實現自己的抱負，祖逖在博覽群書的同時，十分重視習武。

有一天深夜，祖逖在夢中突然被雞叫聲驚醒，他展望未來，浮想聯翩，再也睡不著了。於是，他叫醒劉琨說：「此非惡聲也。」意思就是說，雞叫正是對我們的提醒，為報效國家，應勤學苦練武藝。於是他倆便披衣下床，仗劍相對而舞。這就是膾炙人口的「聞雞起舞」典故的起源。

功夫不負有心人。年輕時的勤習苦練，終於使祖逖成為一名精通兵法、善用韜略的將才。後人常以「聞雞起舞」以作自勉。如譚嗣同在《和仙槎除夕感懷》詩中寫道：

有約聞雞同起舞，燈前轉恨漏聲遲。

又如辛棄疾在《賀新郎．同父見和再用韻答之》詞中寫道：

我最憐君中宵舞道男兒，到死心如鐵。看試手，補天裂。

中流擊楫

祖逖統兵北伐苻秦，「渡江，中流擊楫而誓曰：『祖逖不能清中原而復濟者，有如大江！』辭色壯烈，眾皆慨嘆。」——《晉書．祖逖傳》

這段文字說的是祖逖率兵討伐苻秦，當船行到江中時，祖逖敲打著船槳發誓道：「我祖逖不收復中原絕不罷休！」後來人們往往以「中流擊楫」這個典故讚揚收復失地、報效國家的激烈壯懷和慷慨志節。

當晉室南渡偏安江東一隅後，祖逖聽說朝廷有意北伐，便毅然入朝，向元帝進言說：「藩王自相殘殺，胡人乘虛而入，中原生靈塗炭。陛下如果能發布一道聖旨，讓臣帶領兵馬前去剿虜，北方的豪傑就會望風歸附，四方百姓也會群起響應。中原一定能光復，國家的恥辱也就可以雪洗了。」元帝見他態度誠懇，義正詞嚴，不便推辭，便採取了敷衍的態度，命祖逖為奮威將軍、豫州刺史，撥了一千個人的糧食和三千匹布，至於人馬和武器，讓他自己想辦法。祖逖領了聖命也不再要求別的，連夜趕回了京口。

京口百姓聽說祖逖要招募義兵，北伐中原，都紛紛趕來報名。祖逖從南渡的鄉鄰中挑選了一百多家，組成部屬，又購置了十條大船，擇日渡江北上。

渡江那天，秋風輕拂，祖逖依舷而立。船到江心時，有位隨征的壯士唱起了《易水歌》，就是當年荊軻在易水邊的千古絕唱：「風蕭蕭兮易水寒，壯士一去兮不復還。」祖逖聽罷，敲打著船槳發誓說：「父老鄉親們，祖逖若不能平定中原，再來南渡，當葬身於大江之底！」這壯懷激烈的誓言，令部眾無不感慨激奮。

祖逖渡江後，駐紮在淮陰。他很快便招募了一支兩千人的隊伍，經過一番訓練和準備，便開始了慷慨壯烈的北伐戰爭，並最終用自己的生命實現了自己的諾言。《晉書》中稱：「祖生烈烈，夙懷奇節，扣楫中流，誓清匈孽，鄰醜景附，遺萌載說。」對祖逖的宏大志向與不朽功業給予了恰如其分的概括和評價。

我們今天常說的「中流鼓楫」、「擊楫中流」、「中流楫」、「中流誓」、「擊楫誓」、「祖楫」、「擊楫」等，引用的都是這一典故。

金城湯池

「金城湯池」用我們今天的話來說，就是用金屬鑄造的城廓，滾燙的護城河。形容城防堅固，極難攻克。

這個典故說的是秦朝末年，農民起義領袖陳勝打下陳縣（今河南淮陽），派武臣為將軍，帶領三千士兵，從白馬津渡過黃河，攻打河北各地。

武臣過黃河後，傳檄文到各地，痛陳秦王朝的殘酷統治，引起了很大的社會反響。河北地區的廣大民眾，紛紛揭竿而起，痛殺貪官汙吏。不久，便有數萬人參加了這支農民起義軍，武臣被擁為武信君。

義軍占領了十多座城池後，仍有部分秦軍在負隅頑抗。東郡范陽（今山東梁山縣西北），是義軍進攻的下一個目標。范陽令徐公膽寒心驚之餘，下令日夜提防，加強守備。

當時范陽有個辯士叫蒯通，前去拜見徐公。還沒等徐公發話，蒯通就沒頭沒腦地說：「你快要死了，我來為你弔喪；但又祝賀你，你能見到我就能獲生。」范陽令很不高興，面帶怒容問蒯通：「你說這話是什麼意思？」

蒯通一臉嚴肅地說：「你做了十幾年范陽令，斷人手足，殺人父子，積怨太深！過去老百姓害怕秦法，不敢殺你，而今天下大亂，秦法已廢，百姓爭著拿刀要挖你的心，剖你的腹，難道你還能逃脫不死嗎？」

這一席話，擊中了徐公的要害，他忙請教蒯通，怎樣才能免去一死。蒯通說：「現在武信君的大兵已臨近范陽，年輕人都要殺你，迎接武信君。你趕快派我去見武將軍，早日投降，方可轉禍為福。」

徐公言聽計從，立即派蒯通去見武信君。蒯通見了武信君後說：「將軍不是要占領河北嗎？你現在每得到一塊土地，奪取一座城池，都要經過一番激烈的戰鬥。我有一個辦法，可以叫你不必苦戰，就可以大功告成。」

一番話說得武信君心動起來，忙讓蒯通快講。蒯通說：「你知道嗎？范陽令所以不肯投降，是因為怕像前十幾座城池的守官那樣被你殺掉。」蒯通進一步指出：「如果范陽令投降被殺，其他城池守將就會說，戰是死，投降也是死，還不如據城死守。這樣一來，就好像金城湯池一樣難以攻下了。如果你能善待范陽令，其他城池的守將自然就會投降。」

武信君接受了這個建議，給范陽令送去了官印，還帶了很多禮物相贈。其他城池的

守將見此情景，紛紛仿效。於是武臣沒傷一兵一卒，就得到了三十多座城池。後人往往用「金城湯池」、「固若金湯」、「金湯之固」、「金湯」、「湯池鐵城」來形容防守之堅固。

飲醇自醉

與周公瑾交，若飲醇醪，不覺自醉。

裴松之注引《三國志》

《三國志》裴松之注中引的這段話，原意是指喝著醇厚的美酒，自己不知不覺醉了。比喻同淳樸忠厚的朋友相交，會使自己的品德受到良好的影響和薰陶。這就是「飲醇自醉」這個成語的由來。表面看來這個成語跟軍事沒有多大的關聯，其實不僅有關係，說的還是歷史上的一位重要的將領，這個人就是一代名將周瑜。

周瑜生於西元一七五年，死於西元二一〇年。他儀表不凡，才華出眾，二十四歲時就輔佐孫策東征西討，對於孫氏政權在江東的建立和鞏固，造成非常重要的作用。

孫策對周瑜非常依賴和器重，任命周瑜為建威中郎將。安徽潛山名士喬公有兩個聰明美麗的女兒大喬和小喬，孫策娶了大喬，讓周瑜娶了小喬，由此可見孫策對周瑜的寵信。

西元二〇〇年，孫策中箭身亡，周瑜盡心竭力地輔佐孫策的弟弟孫權，鞏固東吳政權，在朝臣中獲得了很高的聲望。

除了軍事和政治上的才能以外，周瑜還有一個突出的優點，就是胸襟開闊，氣量很大，無論誰冒犯了他，他從不計較。這種寬厚謙和的品德，使他深得人心。演義和野史中，傳說周瑜氣量小，並不是史實。

當時，周瑜在東吳威望極高，只有老將程普對他不滿。程普是當時東吳的一位功勳卓著的勇將，在朝臣中年紀最大，資歷最深，同僚們都尊稱他為程公。程普看到周瑜年輕得勢，地位在自己之上，心裡很不服氣，想找個機會煞煞周瑜的威風，以提高自己的身價。這很有點像戰國時期的廉頗老將軍。

周瑜看在眼裡，便處處注意謙讓程普，避免將帥失和。有一次，周瑜乘車外出，迎面碰上程普的車子，周瑜忙讓車伕把車閃到一邊，讓程普的車子過去，程普很是得意。

赤壁之戰中，周瑜和程普分別擔任左右都督，但東吳對敵鬥爭的策略主要是周瑜制訂的。戰後，程普經常誇耀自己，貶低周瑜。周瑜知道後，不但不生氣，反而說：「我那時還年輕，沒有程公的幫助，是打不了勝仗的。」

周瑜謙遜忍讓的態度，傳到程普耳中，對程普有所觸動。為消除隔閡，周瑜又多次到程普府上探望老將軍，程普深受感動。他終於拋開積怨，和周瑜結成了至交。後來，程普逢人便深有感觸地說：「與周公瑾相交，真是如飲醇醪，不覺自醉。」「飲醇自醉」這個典故，就是由此而來的。

二、軍事典故

三、戰術策略

步兵陣法

冷兵器時代由於兵器的殺傷範圍相當有限，因此能夠將兵器殺傷力高度集中的密集戰鬥隊形是制勝的法寶。這種戰鬥隊形在中國古代稱之為「陣」，不同的戰鬥隊形的排列組合方法稱之為「陣法」。陣法的變化很多，也有各種名稱，古代談論戰法、訓練軍隊，最重要的內容就是陣法，是國家軍事制度的重要內容。

早期戰爭中的戰鬥隊形情況已不可考，現在大致可以明了的最早的陣法是西周時期以戰車為主力的陣法。根據藍永蔚《春秋時期的步兵》等論著的考證，當時每輛戰車配備一定數量的「徒」（步兵），「徒」分為幾個小組（兩），分布在戰車周圍，組成基本的戰鬥單元。步兵戰鬥小組在戰車正前方時稱為「前拒」，在戰車兩側前方的稱「角」，平行兩側的為「隊」，在戰車後方的稱「墩」。當時的戰車衝擊力強而向兩側機動的性能很差，因此整個戰鬥隊形由各個戰鬥單元組成一字排開的橫陣，一般分為左、中、右三個編隊，兩側編隊向前突出的叫「角」，或分別叫「左拒」、「右拒」。在作戰開始前，戰車排列成一列橫隊，戰車與戰車之間的空隙由步兵的戰鬥小組填充。戰車全速衝鋒時，步兵在兩側和後方提供護衛；在對方戰鬥隊形被衝散後，步兵追趕上

去擴大戰果；如果戰車衝擊受阻，步兵進到戰車前組成防線幫助戰車掉頭撤退。在整排橫陣之後有預備隊「游闕」，輜重車隊及其護衛步兵。

隨著戰爭規模以及作戰地域的擴大，原來只發揮輔助作用的步兵在戰鬥中的作用越來越大。每一戰車配備的步兵越來越多，步兵的戰鬥小組也逐步嚴密，步兵的各種兵器搭配組合，形成一個個的「方陣」，本身就成為一個完整的戰鬥單元，不再是戰車的附屬。這種方陣據後人考證是每五人為伍，五伍為「兩」，由一名甲士「兩司馬」指揮。西元前五四一年晉軍在太原附近的「大鹵之戰」中，索性將全部車兵編入這種步兵的戰鬥隊形，組編為大的步兵陣勢，得以大敗狄人。不過關於這次戰役中晉軍組編的戰鬥隊形的具體細節，史書記載不詳。據後人考證，當時是將全部士兵組編為五個獨立的大戰鬥隊形，前出的一個號為「偏」（大約有一千八百七十五人），用來誘敵；「偏」後邊面有「兩」（大約有三千六百五十人），用來接應「偏」；兩側各部署了「左角」和「右角」，左角有大約兩千一百人，號為「參」，右角有大約六千人，號為「專」，從兩側向內合擊；主力部隊「後軍」，有九千人左右。戰鬥開始後前出的兩支戰鬥隊形互相接應將敵軍引誘到主力部隊面前，然後兩側的「角陣」向內合擊，一舉粉碎了敵軍。這個陣勢被後人稱之為「崇卒之陣」。

戰國時代步兵戰陣交鋒成為最主要的作戰形式。根據後人考證，當時最基本的戰鬥隊形是密集小方陣，以「伍」的縱隊為基礎，每十個「伍」的縱隊排列為「隊」（五乘以十）；兩個隊組成「伯」，可以橫排（五乘以二十），也可以重疊（十乘以十）；兩個「伯」組成「曲」，同樣可以橫排一列（五乘以四十），或重疊四隊（二十乘以十），或並列（二十乘以十）。一般戰鬥中以「曲」為基本單位，用各種方法將曲再組編為大的戰陣。

《孫臏兵法》專門有「十陣」篇，記載了十種陣勢：方陣、圓陣、疏陣、數陣、銀行之陣、雁行之陣、鉤行之陣、玄襄之陣、水陣、火陣。後兩種陣勢是講水戰和火戰，實際上與陣法無關，即使是《孫臏兵法》一書本身也稱「用八陣戰者，因地之利，用八陣之宜」，可見實際上步兵戰陣主要是八種。以後各代都以這八種基本陣法而加以變化。所謂的「八卦陣」或許就由此以訛傳訛。

方陣是將一個個小方陣「曲」組成的長方形的大方陣，戰地指揮部「中軍」在方陣之後。小方陣為了集中發揮兵器的殺傷力是相當緊湊的，而大方陣內則必須有間隔，才可以機動兵力。因此有「陣間容陣」的說法，即在小方陣之間要間隔一個小方陣的距離。《孫臏兵法》主張方陣應該是中間兵力薄弱、兩翼兵力加強，以引誘敵軍在中間投入主力，便於本軍兩翼包抄合擊。

圓陣是將「曲」排成環形，中軍位於環形之內。這是一種在戰地進行的環形防禦陣型。

疏陣是將「曲」儘量分散，可以將以上的基本陣型都列為稀疏的戰鬥隊形，加大各行列的間隔，用以迷惑敵軍。

數陣是密集的陣型，和疏陣相反，將各個小方陣的間隔縮小，用來進行近戰格鬥。

錐行之陣，是一個尖角向前的三角形的攻擊陣型，用來衝擊分割敵軍陣型。後世稱之為「牡陣」。

雁行之陣是向前或向後的八字形陣型，兩翼的小方陣梯次排列。向前的雁行之陣是用來包抄敵軍的，兩翼小方陣向前梯次展開攻擊，中間的小方陣掩護中軍。向後的雁行之陣則可以防守，或做撞城式的中間突破攻擊。如果兩翼向前成縱隊、中間的方陣排列較寬，就是「箕形陣」或「牝陣」，可以用中間的一個小方陣引誘敵軍進行中間突破而遭到兩翼的包抄。

鉤行之陣是「前列必方、左右之和必鉤」的陣型，就是基本排為橫型陣勢，而兩翼略向後彎曲，以保障翼側安全。

玄襄之陣是一種「迷陣」、假陣，沒有正式的陣型，主要是指迷惑敵軍。利用地勢多樹旌旗，擂鼓鳴金，揚塵喧譁，使敵軍判斷錯誤。

現在還沒有史料能夠直接證明《孫臏兵法》所說的這八種陣法就是當時普遍採用的戰陣，只能推測這應該是作戰經驗的總結。秦漢以後的步兵戰陣的情況也相當模糊，只有唐朝杜佑《通典》一書記載的唐朝名將李靖的一些語錄，使我們可以得知唐朝步兵的主要戰鬥隊形。

李靖的陣法被後人總稱為「七軍六花陣」。其基本的戰鬥單元是「隊」。和古代的方陣不同，李靖將以近戰格鬥為主的步兵「隊」陣型改為錐形，每一隊的「隊頭」站在全隊最前列，身後是旗手「執旗」，旗手後面是兩個護旗手「慊旗」，以後是五排步兵，按照七、八、九、十、十一人排列，每排比前排多一人，使每一個前排士兵能得到在側後方兩個戰友的支援。「隊副」站在全隊最後，「執陌刀，觀士兵不入者便斬」。顯然這是一個在向敵軍發起進攻時的陣勢。隊與隊組合成一個大的戰陣，一般情況下為橫陣，第一線排列「戰隊」，每三個隊組成一個三角形的大隊，突前的隊為「戰鋒」；第二線步兵兵力略少於與第一線，排列「駐隊」，以隊為單位占據第一線大隊與大隊之間的間隙位置，並在兩側部署兵力相當於駐隊一倍的騎兵隊；第三線部署「奇兵」（預備隊），以隊為單位橫向展開，兵力略少於第二線。

如果是在山地作戰，橫陣難以展開，李靖主張將進攻陣勢改為「豎陣」。將弩兵、弓兵、戰鋒分別編隊，依次一一豎向排列，後方並列駐隊，一齊聞鼓聲發起衝鋒。顯然是企圖依靠弩、弓兵密集發射箭矢打開缺口，戰鋒隊乘勢向前格鬥；如果進攻受阻，第二波再如法炮製。

李靖以兩萬人、其中一點四萬人為戰鬥兵的部隊為例，主張編成七個軍：前軍、後軍、左軍、右軍、中軍、左虞侯軍、右虞侯軍。中軍是指揮部所在地。作戰時可以將七個軍成一字形排開為「橫陣」，每個軍按照上述基本陣法排列陣勢，軍與軍之間有間隔，中軍位於中央，並在最右方部署「奇兵」。這是一個可以機動的基本陣勢。在追擊戰時可以改為「雁行陣」，以右虞侯軍突前，兩邊梯次排列其餘六軍。在駐紮以及防守時可以將中軍位於中央，其餘六個軍環繞中軍部署，這被後世稱之為「六花陣」。

歷代最重視陣法的莫過於宋朝。宋朝最大的軍事威脅始終來自於北方的遊牧民族騎兵，而宋朝因為喪失了放牧馬匹的優良草場，一直組織不起像樣的騎兵與之抗衡。為了在野戰中取得優勢，宋太祖親自製作了「御制平戎萬全陣圖」，試圖以綿密縱深的陣勢來抵禦騎兵的衝擊。這個陣法是一個空前的大陣，以十一萬多名步兵組成三個方二里的大方陣，每個方陣週遭每五步就排列大車一乘、步兵二十二人，一千四百多乘大車圍起的陣地內還有五千名步兵為預備隊。在這三個大方陣外部署騎兵，前、後兩陣各五千騎兵，東、西稍陣（即兩翼）各一萬騎兵。總兵力達到十四萬多人，展開的正面寬達十七里。這個陣勢似乎是要等對方騎兵先進攻，再來後發制人。這張陣圖算是宋朝皇帝的傳家寶，代代相傳，可是顯而易見的是，總是力求按照這張陣圖去作戰的宋朝軍隊既沒有能夠「平戎」，也沒有能夠「萬全」，北宋初期對遼、西夏的戰爭史幾乎就是一整部敗仗記錄。

北宋後期的《武經總要》一書記載了當時宋朝軍隊使用的一些主要的陣法，號為「本朝八陣」。該書以指揮一點四萬人的軍隊（五十人為隊，共兩百隊步兵，八十隊騎兵）為例，圖示了這八種陣法。其基本的陣勢是四方形的方陣。組成「牝陣」時，左右兩翼向前伸出一支小部隊，比前代的倒八字的「箕陣」要保守得多。組成「牡陣」時，前軍以弓、弩隊為首，以下戰鋒隊、戰隊依次展開，形成錐形攻擊陣勢，而主力仍組成四方的陣勢。組成所謂「沖方陣」，實際仍然是四方形的方陣。組成「車輪陣」（也就是「圓陣」）時，與唐「六花陣」相仿，排列六邊形的陣勢。「罘陣」是將前、後軍展開為橫隊，主力在中央為縱隊，橫隊搜尋，主力突擊。「雁行陣」是八字形的陣勢。

「容輜重方陣」，是防守的陣勢，將輜重車輛圍護在中央。總的來看都是以密集、但機動性較差的步兵方陣為主體。

南宋初年吳磷在今陝甘一帶組織防禦，為對付金軍騎兵衝擊，又設計「迭陣」。作戰時以鐵鏈連接的拒馬擋在陣前，第一排為長槍兵，坐在地上，樹起長槍以屏障身後的弓箭手；第二排為最強弓手，第三排為強弩手，採用跪姿發射；第四排為神臂弓手，採用立姿發射。敵軍至百步內，神臂弓發射，七十步距離時，強弓、強弩齊射。然後兩翼騎兵轉到陣前掩護第二撥步兵上前列陣。這一戰術以步兵輪番上前發射箭矢來代替貼身肉搏，收到一定的效果，西元一一四一年吳磷就以迭陣在剡家灣（今甘肅天水東北）打敗呼珊率領的三萬金軍。

明朝時火器開始大量裝備軍隊，對於傳統步兵戰術有很大的推動作用。有頭腦的指揮官開始探索如何更好地發揮火器的作用。其中最成功的是戚繼光，他改革了傳統的步兵戰鬥隊形，並且能夠因地制宜，針對不同的敵軍採用不同的步兵戰鬥隊形，使傳統的步兵戰陣發生了重大的變化。

在東南沿海地區與倭寇作戰時，戚繼光注意到倭寇擅長短兵近戰格鬥以及伏擊、奇襲戰術，針對敵軍這一特點，他設計的基本戰術是以長兵頂住敵軍，不讓敵軍的快刀發

三、戰術策略

揮作用，並將行軍隊形和作戰隊形結合在一起，隨時可以投入戰鬥。他編練的「戚家軍」每伍由兩個長槍兵、一個狼筅兵、一個鎲鈀兵、一個藤牌（或長牌）兵組成，兩個伍組成的隊由一名隊長指揮。平時行軍隊形號為「鴛鴦陣」（兩列縱隊）：兩個藤牌或長牌兵在前，隊長居右側指揮，後面依次是兩個狼筅兵、四個長槍兵、兩個鎲鈀兵。分伍為單列縱隊行軍，也是同樣的順序。在遭遇倭寇突襲時，兩列縱隊即展開排列為「三才陣」的橫隊：隊長居中，兩邊由狼筅護衛、身後兩側是鎲鈀兵支援，兩邊各有一組由藤牌或長牌並護衛的長槍兵，這樣的陣勢使倭寇被狼筅頂在遠處無法靠近，無法使用快刀，相反會被長槍戳傷；一列縱隊展開「小三才陣」：狼筅兵居中、兩側為長槍兵，藤牌兵及鎲鈀兵分守左右兩翼。在足以展開的地形上，遇有敵情全軍集結，中軍居中，各營分別組成五乘以五（隊）的方陣占據中軍前後左右位置，形成十字形的陣勢。前營向前方發起攻擊時，左右兩個營分別從兩側包抄敵軍，後營分隊插入前營各隊之間的間隙，增加攻擊密度。如果是在預設陣地與敵軍作戰，在前方兩側設鳥槍伏兵，三個營大致成鈍三角，中軍居中後方策應，引誘敵軍發起攻擊後，伏兵猛烈射擊，全軍出擊，割裂敵軍予以殲滅。如果戰鬥不利，也強調各營、各哨、各隊要相互接應，逐次掩護。

戚繼光調防北方後，針對蒙古騎兵突襲戰術，又另行制定戰術，強調發揮火器的遠距離殺傷作用。他重新整編軍隊，將步兵戰術改造為以發揮火力為作戰手段，以車輛作為掩護，步兵戰陣以火力車輛為核心。所謂以車「東部伍」，以車「為營壁」，以車「代甲冑」。每車裝備兩門佛郎機火炮，四枝鳥銃。士兵二十四人，分為「奇、正」兩隊：正隊十人，六名佛郎機炮手，兩名火箭手，兩名弓箭手，一名舵工，一名車正；奇隊四名鳥銃手，兩名快槍手，兩名藤牌/火箭兵，兩名鋭鈀/火箭兵，一名火兵（炊事員），一名隊長。在敵騎兵來襲時，百步內聽天鵝聲喇叭為號，鳥槍一齊開火，然後快槍開火，鋭鈀兵上前架起火箭發射，弓箭手再發射弓箭。敵軍接近至三十步內，聽號令全隊出戰，排列鴛鴦陣，快槍手掉轉快槍以槍當棍，鳥槍手棄槍換用長刀。當中軍擂三通鼓時，不拘陣勢，必須盡數「上前血戰」。敵軍退走，聽鳴金聲，撤回重整陣勢，防備敵軍回頭突襲。這一戰術將火器和冷兵器結合使用，但看來戚繼光估計在冷兵器掩護下仍舊難以重新裝填火器，因此才明確火器一次齊放後即改為冷兵器格鬥，只有在依託車輛防守作戰時，才強調輪番開火射擊，並說明在敵軍逼近時還是要步兵出陣格鬥，暴露出當時的各類火器發射速度過慢的致命缺陷。

明末兵部尚書孫承宗督師遼西，進一步發展步兵使用火器的戰術。他改編軍隊，五人為伍，二伍為什，二什為隊，共二十五人，配備一輛裝運火器的偏箱車，裝備佛郎機火炮二門，鳥槍二枝，三眼槍六枝。各什有一伍由三名三眼槍手，一名鳥槍手，一名火箭兵組成；另一伍三人為佛郎機炮手，一名火弩手，一名長槍兵。各隊環繞成基本的車營方陣，可以變化為曲陣、直陣、銳陣等陣勢。作戰時強調要「槍用連環、炮用疊陣」，靠發揚火力殺傷敵軍。不過當時的火器並不比戚繼光時有什麼明顯的改進，要不間斷射擊實際上是不可能的。在鳥槍、佛郎機、三眼槍、火箭輪番發射後，還是需要近戰格鬥。孫承宗以這種編制和戰術編練了八萬人的部隊，使用火器的士兵要占到三分之一，在一段時間裡比較有效地阻止了滿清向關內的擴張。

清朝入關後組建的綠營兵部隊，繼承了明後期強調火器殺傷力的傳統，但是不再以戰車為野戰掩體和編制單位，這或許是考慮到在綠營兵和八旗兵配合作戰時，只要發揚了火力後，八旗騎兵就足以對付敵軍騎兵。也有可能是為了防止綠營兵獲得對抗八旗騎兵的實力。綠營兵具體作戰編制以及戰術不詳，很可能基本沿襲了明末的配備，三分之一左右的士兵是操作火器的。而在很長一段時間裡，與清軍作戰的各種軍隊明車營方陣圖往往是沒有任何火器裝備的，被清軍槍炮一轟就支撐不住，因此清軍能夠屢屢獲勝。太平軍興起後，在與綠營兵的作戰中很快掌握其弱點，在百步開外遭到射擊後，仍然冒死前進，以投擲火罐打亂綠營兵陣型，然後以密集的藤牌護身，貼近綠營兵以長槍猛戳，同時集中火器抵近猛烈射擊。綠營兵來不及裝填槍炮，又毫無決死戰鬥的勇氣，也沒有任何防護裝備，在近戰中死傷纍纍，很快就會潰敗。

曾國藩等人組建起湘軍後，認真總結綠營兵戰術的缺陷，也仔細研究了太平軍的戰術。曾國藩因此仿照戚繼光的戰術，強調火器與冷兵器的結合使用。但是不再將火器兵與冷兵器兵混編為小隊，也不採用戰車，而是以哨為基本戰鬥單元，每哨有兩隊抬槍（各有抬槍三桿）、兩隊小槍（各有鳥槍十桿）、四隊刀矛（每隊十人），作戰時儘量依靠發揚火力殺傷敵軍，必須在百步以內才可以發出射擊命令。抬槍先發射，然後鳥槍兵分三層射擊：每層兩人臥射、兩人跪射、兩人立射，射擊後迅速從兩側繞到陣後裝填；第二層、第三層依次射擊。如果敵軍已衝到陣前，則由刀矛隊以一字陣（一行橫隊）或二字陣格鬥掩護，鳥槍手裝填結束後繼續開火。

由於太平軍沒有騎兵，步兵衝鋒速度較慢，因此有利於湘軍的火器戰術發揮作用。但是太平軍人多勢眾，士氣高昂，特別是後來也裝備了大量火器，在野戰中仍然經常擊敗湘軍。因此曾國藩又確定儘量依託營壘工事發揚火力的戰術。這可以說是「營陣」。湘軍的「紮營之規」要求每支部隊到達目的地後，必須尋找地勢較高的地方紮營，中軍居中，四哨分布前後左右。挖壕築牆，遍布花籬（拒馬）。牆以土築，包砌土坯，要高八尺、厚一丈;壕要一丈五尺深，最好多道;花籬用長五尺的粗木尖頭樁，三尺埋土中，最好要有五六層。限四小時完工。紮營前不得休息，也不可作戰。儘量不主動出擊，引誘敵軍來攻，使敵軍暴露在火力網下，在槍炮裝填的間隙無法靠近肉搏。這稱之為「結硬寨，打呆仗」。即使進攻城市，也使用這一戰術，以己方營壘圍困敵方陣地致勝。

在野戰中，湘軍注意到當時陸續從西方引進的槍炮射程遠、精確度高，可以遠距離殺傷敵軍，因此極端重視作戰地形，要求搶占便於發揚火力的地勢。每次作戰前主將必須親自察看地形，繪製地圖，複製後召開作戰預備會議，要求各級軍官都明了作戰地域的地形，制定計劃。作戰中儘量依託有利地勢發揚火力，即使戰敗也可以火力掩護交替撤退，不至於潰散。

湘軍的戰術代表了中國軍隊從冷兵器格鬥戰術過渡到發揚槍炮火力戰術的最高水平，隨著西方近代槍炮的引進，湘軍和繼起的淮軍中刀矛兵迅速減少，到太平天國、捻軍等反清起義被鎮壓後，這兩支軍隊的主力部隊已幾乎全部使用槍炮作戰，其戰術也逐漸過渡到近代散兵戰術。

騎兵戰術

古代北方遊牧民族是騎兵戰術的最早的實踐者，戰國時期北方的遊牧民族「三胡」（東胡、林胡、樓煩）以大規模的騎兵和中原地區的諸侯國發生衝突，中原諸侯國也逐漸開始組建騎兵部隊。最著名的事例是趙武靈王的「胡服騎射」改革。戰國時期中原各諸侯國的騎兵主要是起作戰輔助作用，《六韜》認為騎兵是「軍之伺候」，用於追擊、隔斷作戰。騎兵的編制和步兵什伍相似，作戰時騎兵以什伍為單位輪番上前發射弓箭，近戰格鬥則各自為戰。

秦漢時期的騎兵戰術仍然以集團馬上射箭為主。匈奴騎兵善於射箭，也能夠在沒有馬鐙的情況下進行使用長矛、刀劍的格鬥，而中原地區騎兵只有項羽那樣具有高超騎術的人才能夠做到，一般騎兵主要依靠射箭為戰鬥方式。為提高射擊密度，戰鬥隊形比較嚴密，估計也採用和步兵一樣的方陣，基本方陣「曲」為一百名左右，以下有幾個「屯」，可以橫隊或豎隊迎敵。漢朝武帝開始組織騎兵大兵團深入漠北求戰，應該有嚴密的騎兵戰陣，以集體發射和衝擊對付匈奴騎兵的散兵戰術。綿延將近百年的漢匈大戰結果是以漢朝的勝利而告一段落。

四世紀時馬鐙開始普遍使用，同時馬的防護裝備也大量普及，馬刀、長矛成為騎兵的主要作戰武器。這種技術進步迅速影響到騎兵戰術的改革。集團橫隊衝鋒、近戰格鬥成為「鐵騎」（人馬都披甲的重甲騎兵）取勝的法寶。遊牧民族建立的十六國以及後來的北朝政權都依靠這種新的騎兵戰術對漢族皇朝的步兵取得壓倒性勝利。唐朝興起時，在繼承北朝重甲騎兵戰術的同時，更注重以輕甲騎兵部隊迂迴突襲，李世民本人就擅長率領輕騎兵長途突襲。

唐皇朝建立後，將騎兵結合在步兵戰陣中。從《通典》所引的李靖語錄來看，唐皇朝的標準戰術是將騎兵部署在第二線步兵戰陣的兩側，當第一線步兵戰隊開始進攻時，騎兵無須上馬，在戰鬥膠著、第二線步兵投入戰鬥時，或者是敵軍已經動搖、陣腳不穩時，騎兵從兩側發起猛烈突擊，給予對方決定性打擊。騎兵戰鬥單元也是五十人的「隊」，可以排縱隊或橫隊陣勢。輕騎兵作戰手段包括了射箭和馬上格鬥，以長矛突擊為進攻的主要方式。

唐以後的中原皇朝再也沒有能夠建立起大規模的騎兵兵團。騎兵戰術的主要發展在於和步兵的協同作戰。北宋初年沿襲唐朝傳統，在宋太祖制定的「御制平戎萬全陣圖」裡，騎兵作為輔助兵力，部署在陣內的三萬騎兵，仍然按照唐朝制度進行編制，但顯然並不是主動出擊的部署，而只是平均配置，作為中間三個大步兵方陣的屏障。

北方少數民族政權遼、西夏、金、元都以騎兵稱雄。遼朝騎兵戰術是以輕騎兵為主力，輕騎兵誘敵，野戰時故意三三兩兩的布置為散兵陣，一般並不主動突擊，等敵軍突擊靠近後迅速集結射箭，然後以主力排橫隊衝鋒，每一橫隊五百至七百騎，輪番衝擊，打開缺口後以縱隊騎兵插入分割或追擊，失利即迅速撤離戰場。西夏騎兵以重騎兵著名，野戰時以重騎兵「鐵騎」為先鋒，人馬披甲，以鐵索連接為三十騎的橫隊，即使陣亡的士兵也不會從馬上掉下來。對於步兵為主的宋軍來說，要能夠抵抗這種重騎兵突擊有相當難度。一旦宋軍步兵戰陣被打開缺口，西夏的輕騎兵和步兵就乘勢猛攻。

金朝騎兵戰術更為成熟，平時作戰都以輕重騎兵混編，五十人為隊，作戰時二十名重騎兵居前，以長矛棍棒為武器，三十名輕騎兵居後，以弓箭為武器。一般並不輕易突擊，在發現對方薄弱環節後，集中射箭，重騎兵衝鋒，輕騎兵跟進。在和宋軍相持不下時，則會以號為「鐵浮圖」的重騎兵投入戰鬥，這種騎兵身穿著兩層鐵鎧，馬披堅甲，箭矢無法穿透，三列橫隊，每列戰馬都用鐵索相連。這種重騎兵由於盔甲太重，無法疾駛，因此以緩慢步伐前進。在遇到猛烈抵抗時，會在重騎兵後面放置拒馬，迫使人馬不得後退，向前一步就將拒馬往前移。在這種撞城式的攻擊下，一般敵軍都會瓦解，金軍同時也會出動「拐子馬」重騎兵從兩側迂迴攻擊。

蒙古騎兵是各代遊牧民族王朝騎兵戰術的集大成者，得以席捲歐亞大陸。蒙古騎兵每人至少配備三匹馬，可以進行長途奔襲。在作戰時不拘一格，在遇到強勁的敵軍騎兵時，善於以散兵陣誘敵，當敵軍衝鋒後迅速撤退，等敵軍人困馬疲，主力才出動交戰。對於以步兵為主的敵軍，採用標準的騎兵攻擊戰術，排五列橫隊，二十騎一列，前兩排為人馬披甲、使用長矛和狼牙棒的重騎兵，後三排為使用弓箭、馬刀的輕騎兵，重騎兵衝破步兵戰陣後，輕騎兵射箭並砍殺敵軍。同時蒙古軍隊也善於從敵方吸取作戰武器和經驗，比如在野戰中使用炸彈，在攻城時使用大型拋石機等等，都是在和金、宋的戰爭中掌握的戰術和戰技。

明朝建立的軍隊以步兵為主體，但對於騎兵戰術有相當的發展，主要是開始試圖以火器裝備騎兵，並探索其作戰戰術。明初給騎兵裝備手銃，作戰時可以施放手銃後再發起衝鋒。明末戚繼光在薊鎮編練新式騎兵，編製為五騎為伍，二伍為隊，三隊為宗，三宗為局，三局為司，三司為部，三部為營，五營為軍。營為基本編制，三千騎左右，配備有鳥槍、快槍各三百桿左右，手銃和虎蹲炮等共有兩百支（門）左右，和當時的步兵一樣，火器兵也要接近三分之一。其設計的騎兵戰術與步兵戰術相仿，以隊為作戰單

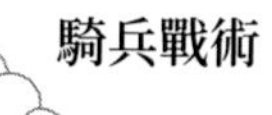

元，排列鴛鴦陣。作戰時和步兵配合，在陣前放置拒馬以及虎蹲炮，在敵軍進到百步開外時騎兵上馬，敵軍進到百步內，槍銃聽號令分兩輪開火，然後施放火箭，放虎蹲炮，再一齊射箭。敵軍進到三十步內，先由步兵上前格鬥，騎兵放置好火器，各持短兵（由前至後分別為銳鈀、刀、棍、大棒、長刀）以鴛鴦陣排列，聽號令在步兵格鬥相持時出陣與敵軍格鬥，在第一、二次信號（擂鼓、天鵝號）要保持隊形，至第三次信號，全部「擁為一列混戰」。聽鳴金後收隊，各回本伍本隊，每三隊為並列縱隊回本陣。這樣的戰法似乎全然不考慮發揮騎兵的機動性，全然是關在步兵戰陣內作戰。以後孫承宗的車營方陣也依然是將騎兵平均部署在車輛戰隊之後，並不將騎兵當作突擊力量使用。因此這種探索雖然有益，但並沒有能夠帶來革命性的變革。

滿清在關外興起也是依靠騎兵。八旗騎兵的主要戰術與金、元各朝相差不多，仍然主要依靠散兵射箭與近距離格鬥，只是在和明朝的戰爭中掌握了火炮技術，得以在野戰和攻堅戰中使用，但是並沒有發展明末以火器裝備騎兵的趨勢。在入關以後，八旗騎兵戰術即停止發展，甚至有所倒退，戰鬥力也日益下降。傳統的騎兵戰術至此衰亡。

兵馬未動，糧草先行

中國古代高度重視軍事後勤問題，《孫子兵法》中指出：「軍無輜重則亡，無糧食則亡，無委積則亡。」而古代主要的軍事後勤問題就是糧食問題，後世因此歸結為「兵馬未動，糧草先行」。

《孫子兵法》也指出戰爭會耗費大量的財富，「凡用兵之法，馳車千駟，革車千乘，帶甲十萬，千里饋糧。則內外之費，賓客之用，膠漆之材，車甲之奉，日費千金，然後十萬之師舉矣」。出動兩千乘戰車、十萬人的軍隊，每天所需的費用就要高達「千金」。因此《孫子兵法》提出發動戰爭要極其慎重，盡可能速戰速決，「善用兵者，役不再籍，糧不三載」，只徵發一次兵役，消耗的糧食不超過三年積蓄，是發動戰爭最理想的情況。

由於糧食是消耗性的大宗物資，透過陸路運輸的耗費極大，「國之貧於師者遠輸」，興兵打仗造成國家窮困的直接原因不是戰爭本身，而是運輸費用，因此《孫子兵法》提出「取用於國，因糧於敵，故軍食可足也」。一般的軍事器材可以依靠國內提供，而軍糧最好是從占領地區掠取。「智將務食於敵」，在占領區獲得一鍾（古代糧食量器）糧食相當於本國的二十鍾，獲得一石餵馬的禾草相當於本國的二十石。這一原則實際上很早就在戰爭中得到了體現。春秋初期，鄭國與東周朝廷發生衝突，西元前七二二年鄭莊公派出軍隊到東周軍事示威，就「取溫（今河南溫縣）之麥」，又取「成周（今洛陽東）之禾」。以後各國混戰中有很多割取敵國農田莊稼為本軍軍糧的記載。

更簡單的做法是掠奪戰區當地居民的糧食來實現「以戰養戰」。這是後來很多軍閥以及鋌而走險的「盜賊」使用的補給方式，也是很多遊牧民族開始侵入中原地區後的主要補給方式。契丹騎兵集中打仗，分散「打草食」；蒙古軍隊長途奔襲時，軍食或者依靠移動的畜群，或者就靠在戰地搶掠。這種補給方式最大問題是難以持久，不僅要激起強烈的反抗，而且即使能夠鎮壓反抗，也會造成人民普遍逃亡，土地荒蕪，再沒有什麼可搶的時候，軍隊就陷入困境。比如東漢末年的大混戰中，各大軍閥都是靠劫掠養兵，袁紹的軍隊在搶光了糧食後曾經靠摘桑葚為食，袁術的軍隊只好下河摸魚蝦、撈蛤蜊，而曹操甚至將死人肉夾雜在軍糧裡發放。因此，靠這種方式補給的軍隊往往都需要流動作戰，除了策略考慮外，也要考慮去新的地區解決後勤供應問題。

有頭腦的統治者都反對這種依靠劫掠的「以戰養戰」。一般採用的辦法是在新占領的地區建立起賦稅制度，有節制的、分期分批地向當地居民索取糧食。這需要有較為穩固的軍事占領才可以做到，而且也需要有文官的協助。這一點做得最成功的是戰國時期的秦國，每占領一個地方立即就開始編制戶籍，徵發徭役和糧食，使秦國的戰爭機器可以不間斷地運轉。劉邦進占咸陽滅亡秦朝時，蕭何進入宮殿第一件事就是保護全國戶籍資料，後來又將這批資料帶到漢中。楚漢大戰時，蕭何坐鎮漢中、關中地區，源源不斷地向前線輸送糧食和壯丁，使劉邦軍隊能夠屢敗屢戰。反觀項羽每到一地都是縱兵燒殺搶掠，不僅失去民心，也得不到可靠的後勤支援，打了敗仗後連個喘口氣的根據地也沒有。蒙古剛開始進攻金朝時，完全依靠劫掠養兵，占領黃河流域後，打算將當地百姓趕走，大片土地改為牧場。耶律楚材建議實行賦稅制度，所得可比放牧多得多，果然打動蒙古大汗，放手讓耶律楚材建立賦稅制度，使黃河流域社會經濟得以從長期戰爭破壞中慢慢恢復，也使蒙古軍在大軍西征的情況下僅靠木華黎一支偏師就得以維持對南宋的壓力。

還有一種辦法是《孫子兵法》完全未曾想到的，就是讓士兵也種地，軍隊自己養活自己。最早大規模推行這種辦法的是漢武帝。為了維持在漫長的長城邊防線的駐軍，漢武帝推行「屯田」，將邊防線的可耕地劃為國有，發放給士兵耕種，並將罪犯之類的社會閒散人員發往邊疆，充當耕種屯田的勞力。以後曹操為瞭解決軍糧問題，也大規模地在內地推行屯田。當時中原地區飽經戰亂，土地荒蕪，西元一九二年曹操推行「屯田制」，將全部荒地劃為國有地，強迫一部分士兵以及招募的農民固定在政府分配的荒地上進行屯田，收成「六四開」，百分之六十歸朝廷，百分之四十歸「屯田客」。軍屯的士兵仍為士籍，每五里設營，約六十人為營，「且耕且守」。這是曹操最終得以戰勝眾多其他軍閥統一北方的重要因素。以後蜀漢、東吳也都仿照這一制度，以屯田養兵。諸葛亮在「六出祁山」戰役中痛感軍糧運輸困難，最後決心在前線屯田，不過這一地區土地瘠薄，屯田沒有取得很大成效。以後北周、隋、唐的府兵制，很大程度上也是為瞭解決軍隊的供給問題，府兵各單位相當分散，得以「寓兵於農」，解決軍隊的供養問題。以後的明太祖朱元璋自稱：「吾養兵百萬，要不費百姓一粒米。」也規定在邊防地區的駐軍百分之七十的軍戶屯種，百分之三十守城；在內地的駐軍百分之八十屯種，百分之二十守城。將大批國有荒地劃撥軍戶為屯田，每戶軍戶分配十五到五十畝，並分配一定的耕牛、種子、農具，要軍戶耕種，除供給自己的軍糧外每年還要上繳十二石。

國家平時要為戰時積蓄糧食，為出動軍隊提供後勤保障，這在戰國時代已經形成嚴密制度。在湖北雲夢睡虎地秦墓出土的秦律中，有專門的「倉律」，集中了很多關於國家糧食倉庫保管、儲運制度方面的條文。以後各代都有類似的制度。西漢「文景之治」時期，長期保持和平局面，休養生息，太倉裡的糧食因保存時間太長而「紅腐不可食」。隋朝統一全國後，社會經濟得到恢復，各地糧倉豐盈，著名的如京城的太倉、洛陽的含嘉倉、洛口倉、華州永豐倉、陝州太原倉等，據說儲藏的糧食有數百萬石到上千萬石不等，可以供軍隊使用幾十年。後來在隋末戰爭中凡是占領這些糧倉的武裝力量都維持了較長的時間。元末戰亂，朱元璋聽從朱升的建議，「高築牆，廣積糧，緩稱王」，在江南地區建立起牢固的策略根據地，終於得以殲滅群雄。

正如《孫子兵法》早就指出的，戰時運輸是一件勞民傷財的事。當戰區是非農業地區或者難以實行「以戰養戰」時，就必須要依靠後方長途運輸糧食。漢武帝時連年出動大軍進攻匈奴、西南夷，軍糧全憑內地長途運輸，「千里負擔饋餉，率十餘鍾致一石」，結果造成嚴重財政危機，據說「海內耗半」。隋文帝為征高麗，下令全國向遼西運糧，有的地方百姓將三石米裝上車，結果一路上的口糧就用掉了車上的糧食，到了目的地連一斗都沒剩下。宋朝長期在北方邊界維持數十萬大軍，當地農民由於長期戰爭大多逃亡，沒人種地來養活士兵，而宋朝的禁軍又都是吃現成飯的，造成極其嚴重的後勤負擔，所有的軍用物資都必須從後方運輸，而朝廷如果徵發如此規模的勞役就有可能引發百姓的反抗。宋朝政府的對策也是前無古人的，這就是要求商人承擔軍事運輸任務，將物資運到前線後，由軍事部門接收後估價，發給「交引」，商人憑「交引」可以到指定地點提取朝廷專賣的商品：食鹽、香料、茶葉等等。這稱之為「人中法」。後來的明朝也曾經實行過同樣的政策，改稱「開中法」，商人運輸糧食到「九邊」，可以獲得優先提取兩淮官鹽的特權。可是後來明朝鹽政大壞，商人持有「鹽引」卻難以提到官鹽，不得不重新向食鹽生產商再付現金買鹽，從此也就不再願意承擔運輸任務。「九邊」的供應日益艱難，嚴重影響到戰鬥力的維持。後來李自成起義軍橫掃邊鎮，幾乎沒有遇到什麼有力的抵抗。

歷代負責軍隊供應的朝廷部門都屬於文官系統，軍事部門並沒有自己獨立的後勤部門，這或許就是文官得以壓武官一頭的經濟背景。秦國專門設立「治粟內史」，負責徵收糧食實物稅以及稅收的分配。西漢時改為大司農，桑弘羊擔任這個職務時，大力推行鹽鐵官營等財政措施，得以全力供應對匈奴的戰爭需要。隋唐以朝廷戶部管理財政，供應軍需也屬於戶部的職責。宋代更進一步，設置「三司使」負責財政，地位與宰相相等，號為「計相」。以後的朝代仍然以戶部主管財政，併負責軍隊的供應。

出征的軍隊有自己的後勤部門，負責接收後方運輸來的物資及其分配。在各個朝代，領兵將軍組織的「幕府」裡，都設置了專門的官員來主管此事。在很多情況下，當朝廷無法維持正常的軍隊供應時，只得給前線軍隊一些自籌軍費的自主權。比如明朝中期沿海地區苦於倭寇騷擾，沿海設置海防府，部署很多軍隊，朝廷無法供給，到了後來不得不允許民間商人可以經營海外貿易，各地海防府可以向商人徵稅來養兵。這種稅收主要用來支付兵餉，所以就叫做「餉稅」。有領取出海許可證的「引稅」，商船進港的「船鈔」，貨物進口稅性質的「貨餉」，以及進口白銀的「加增餉」。這筆餉稅就成為海防軍費的主要來源。

給軍隊自籌軍費政策最著名的事例是清末的「厘金」。西元一八五三年太平天國占領南京，威脅到清朝廷生命線——大運河。清朝在揚州設立江北大營，為了籌措軍費，清朝左副都御史雷以誠建議對往來大運河的商人貨物按價值徵百分之一的「厘金捐」。這個政策很快被「就地籌餉」的湘軍以及後來的淮軍爭取到手，凡這兩支軍隊所到之處，都由幕府下的「糧臺」籌劃設置厘金局，在各交通要道口設卡，向過往的商人收厘金稅。這是湘、淮軍最重要的軍費來源，曾國藩甚至稱之為「養命之源」。厘金收入由湘、淮軍將領控制，分配給士兵為兵餉，造成士兵和將領之間的私人關係。而軍隊自設厘金，又使軍隊得以脫離中央控制，成為地方割據的起因之一。

電子書購買

國家圖書館出版品預行編目資料

不講武德，我們講計策：用兵之計 × 欺敵戰術 × 歷史典故，史上最狡猾最機智最會騙的人都在這了！ / 歐陽翰著 . -- 第一版 . -- 臺北市：崧燁文化事業有限公司, 2023.03
面； 公分
POD 版
ISBN 978-626-357-150-1(平裝)
1.CST: 戰史 2.CST: 軍事戰略 3.CST: 歷史故事
592.92 112000857

不講武德，我們講計策：用兵之計 × 欺敵戰術 × 歷史典故，史上最狡猾最機智最會騙的人都在這了！

臉書

作　　者：歐陽翰
發 行 人：黃振庭
出 版 者：崧燁文化事業有限公司
發 行 者：崧燁文化事業有限公司
E-mail：sonbookservice@gmail.com
粉 絲 頁：https://www.facebook.com/sonbookss/
網　　址：https://sonbook.net/
地　　址：台北市中正區重慶南路一段六十一號八樓 815 室
Rm. 815, 8F., No.61, Sec. 1, Chongqing S. Rd., Zhongzheng Dist., Taipei City 100, Taiwan
電　　話：(02) 2370-3310　　**傳　　真**：(02) 2388-1990
印　　刷：京峯彩色印刷有限公司（京峰數位）
律師顧問：廣華律師事務所 張珮琦律師

定　　價：399 元
發行日期：2023 年 03 月第一版
◎本書以 POD 印製